企业安全生产工作指导丛书

生产安全事故隐患排查与治理

主　编　焦宇　胡泽辰

中国劳动社会保障出版社

图书在版编目(CIP)数据

生产安全事故隐患排查与治理/焦宇，胡泽辰主编. -- 北京：中国劳动社会保障出版社，2018

（企业安全生产工作指导丛书）

ISBN 978-7-5167-3566-4

Ⅰ.①生… Ⅱ.①焦…②胡… Ⅲ.①企业安全-安全生产-安全隐患-安全管理 Ⅳ.①X931

中国版本图书馆 CIP 数据核字(2018)第 122694 号

中国劳动社会保障出版社出版发行

（北京市惠新东街 1 号 邮政编码：100029）

*

三河市华骏印务包装有限公司印刷装订 新华书店经销

787 毫米×1092 毫米 16 开本 11.75 印张 188 千字

2018 年 7 月第 1 版 2025 年 3 月第 8 次印刷

定价：34.00 元

营销中心电话：400-606-6496

出版社网址：http://www.class.com.cn

内容简介

本书是“企业安全生产工作指导丛书”之一，为企业生产安全事故隐患排查与治理工作的指导用书，详细叙述了企业生产安全事故隐患排查与治理工作的相关基础知识、国家法律法规、标准相关要求以及有关工作方法等重要内容。

全书共分为5章，主要内容包括：事故隐患排查与治理概述，事故隐患排查与治理管理体系，事故隐患排查工作方法，以安全生产检查落实事故隐患排查，事故隐患治理与应急能力建设。本书内容注重方法的讲解和工作能力的培养，是企业安全生产工作实务性学习读本，可用于企业主要负责人、安全生产技术与管理人员、其他生产部门相关人员的工作指导用书，也可用作企业职工、在校学生安全生产培训用教材和企业安全生产宣传教育参考用书。

前 言

党的十八大以来，党和国家高度重视安全生产，把安全生产作为民生大事，纳入到全面建成小康社会的重要内容之中。“人命关天，发展决不能以牺牲人的生命为代价。这必须作为一条不可逾越的红线。”习近平总书记多次强调安全生产，对安全生产工作高度重视。2015 年 8 月，习近平总书记对切实做好安全生产工作作出重要指示：各生产单位要强化安全生产第一意识，落实安全生产主体责任，加强安全生产基础能力建设，坚决遏制重特大安全生产事故发生。2016 年 1 月，习近平总书记对全面加强安全生产工作提出明确要求：必须强化依法治理，用法治思维和法治手段解决安全生产问题，加快安全生产相关法律、法规制定修订，加强安全生产监管执法，强化基层监管力量，着力提高安全生产法治化水平。随着我国安全生产事业的不断发展，严守安全底线、严格依法监管、保障人民权益、生命安全至上已成为全社会共识。

在党的十九大报告中，习近平总书记关于安全生产的重要论述，确立了新形势下安全生产的重要地位，揭示了现阶段安全生产的规律特点，体现了对人的尊重、对生命的敬畏，传递了生命至上的价值理念，对于完善我国安全生产理论体系，加快实施安全发展战略，促进安全生产形势根本好转，具有重大的理论和实践意义。近年来，随着历史上第一个以党中央、国务院名义出台的安全生产文件《中共中央　国务院关于推进安全生产领域改革发展的意见》的印发，《中华人民共和国安全生产法》《中华人民共和国职业病防治法》等法律和《危险化学品安全管理条例》等法规的修订，各类安全生产相关管理技术标准的制定、修订，我国的安全生产法制体系和管理技术工作得到了长足的发展与完善。

为了宣传我国安全生产领域改革发展的新成果和近年来安全生产法律、法规及国家标准体系建设的新内容，规范指导企业在安全生产管理与技术工作中的方式、方法，中国劳动社会保障出版社组织中国矿业大学、中国地质大学、首都经贸大学、上海海事大学、煤炭科学研究总院、中冶集团、北京排水集团、重庆城市管理职业学院等高等院校、研究院所和国有大型企业的专家学者编写了“企业安全生产工作指导丛书”。本套丛书第一批拟出版的分册包括：《安全生产法律、法规文件汇编》《职业病防治法律、法规文件汇编》《企业安全生产主体责任》《用人单位职业病防治》《安全生产规章制度编制指南》《企业安全生产标准化建设指南》《生产安全事故隐患排查与治理》《生产安全事故调查与统计分析》《企业职业安全健康管理实务》《生产安全事故应急救援与自救》《企业应急预案编制与实施》《外资企业安全管理工作实务》《班组安全行为规范》《安全生产常用专用术语》。本丛书的各书种针对当前企业安全生产管理工作中的重点和难点，以最新法律、法规与技术标准为主线，全面分析并提出了实务工作的方式和方法。本丛书的主要特点，一是针对性强，提炼企业安全生产管理工作中的重点并结合相关法律、法规和技术标准进行解读；二是理论与技术兼顾，注重安全生产管理理论与技术上的融合与创新，使安全生产管理工作有理有据；三是具有很好的指导性，强化了法律、法规和有关理论与技术的实际应用效果，以工作实际为主线，注重方式、方法上的可操作性。

期望本丛书的出版对指导企业做好新时代安全生产工作有所帮助，使相关人员在安全生产管理工作与技术能力上有所提升。由于时间等因素的影响，本丛书在编写过程中可能存在一些疏漏，敬请广大读者批评指正。

本书在编写、出版过程中，党的十九届三中全会通过了《中共中央关于深化党和国家机构改革的决定》和《深化党和国家机构改革方案》，根据方案组建中华人民共和国应急管理部，不再保留国家安全生产监督管理总局。由于时间关系，书中内容所涉及的相关主管部门职责以原行政主管部门为主。

“企业安全生产工作指导丛书”编委会

2018 年 4 月

目 录

第一章 事故隐患排查与治理概述

第二章 事故隐患排查与治理管理体系

第三章　事故隐患排查工作方法

第四章　以安全生产检查落实事故隐患排查

第五章　事故隐患治理与应急能力建设

第一章　事故隐患排查与治理概述

第一节　事故隐患排查治理基础知识

一、事故隐患的定义

隐患是我国特有的名词术语，没有英文词相对应。继我国"等同采用"英国标准协会（BSI）、挪威船级社（DNV）等13个组织提出的职业安全卫生OHSAS 18000系列标准，并形成了GB/T 28000《职业健康安全管理体系》系列标准以后，危险源与隐患两个词在国内便开始同时使用，多数情况下所指的意思相同。《安全生产事故隐患排查治理暂行规定》（原国家安全生产监督管理总局第16号令）第三条规定："事故隐患，是指生产经营单位违反安全生产法律、法规、规章、标准、规程和安全生产管理制度的规定，或者因其他因素在生产经营活动中存在可能导致事故发生的物的危险状态、人的不安全行为和管理上的缺陷。"

事实上该定义规定了两种隐患：

第一种为"违反"型隐患。即凡属于违反了各种规定的事件即为隐患，这就明显地对必须严格遵守和执行的各种规定做出了要求，只要没有遵守或者执行相关规定便是隐患。违反的事实具有不可接受性，也不需要进行风险评价。

第二种为"评估"型隐患。即除了"违反"型隐患之外，在生产经营活动中存在的因其他因素可能导致事故发生的物的危险状态、人的不安全行为和管理上的缺陷。这种隐患需要采用合适的事故风险评估方法进行评估，以便确定出隐患导致事故的可能性、事故后果严重程度和隐患的级别。事故风险评估采用的方法有很多，如安全检查表（SCL）、风险评价矩阵（RAM）、作业条件危险性评价（LEC）、预先危险性分析（PHA）、作业安全分析（JSA）、故障类型和影响分析（FMEA）、危险与可操作性分析（HAZOP）、事故树（FTA）和事件树（ETA）等。

但需要注意的是，危险源中的能量源绝大部分属于生产环节中的生产资料，是财富不是隐患，如热能、电能、危险化学品等，是系统安全研究中两大危险源分类中的第一类危险源，即系统中存在的、可能发生意外释放的能量或危险物质。控制第一类危险源的措施失效，即第二类危险源，才能称为隐患。

二、事故隐患的分级

1.《安全生产事故隐患排查治理暂行规定》的分级方法

《安全生产事故隐患排查治理暂行规定》第三条规定："事故隐患分为一般事故隐患和重大事故隐患。一般事故隐患，是指危害和整改难度较小，发现后能够立即整改排除的隐患。重大事故隐患，是指危害和整改难度较大，应当全部或者局部停产停业，并经过一定时间整改治理方能排除的隐患，或者因外部因素影响致使生产经营单位自身难以排除的隐患。"

2. 企业内部常用的分级方法

按企业安全管理层级将隐患分为班组级、车间级、厂级或公司级，其本质是以安全生产责任制为基础，考虑实际管理权限和整改能力，确定整改主体不能将本级能够解决的问题推给上一级，这种方法在企业内部具有重要的可行性。

3. 按治理要求的分级方法

隐患排查与治理务必做到"闭环"管理，这样就产生了以治理为原则的划分隐患等级的方法，即按治理要求分级：立即整改、短期（限期）整改和需要立项整改。当然必须根据实际情况作进一步分类，如短期的时限是否需要规定，不同企业有不同要求，考虑到治理工作还需要综合考虑时间、资源、风险等因素。

4. 地方规定分级方法

如《上海市安全生产事故隐患排查治理办法》（上海市人民政府令第 91 号）中，生产经营单位发现事故隐患后，应当启动相应的应急预案，采取措施保证安全，并组织专业技术人员、专家或者具有相应资质的专业机构分析确定事故隐患级别。

事故隐患按照危害程度和整改难度，分为以下 3 个级别：

（1）危害和整改难度较小，发现后能够在 3 日内排除，或者无须停止使用相关设施设备、停产停业即可排除的隐患，为三级事故隐患。

（2）危害和整改难度较大，需要 4 日以上且停止使用相关设施设备，或者需要 4～6 日且停产停业方可排除的隐患，为二级事故隐患。

（3）危害和整改难度极大，需要 7 日以上且停产停业方可排除的隐患，或者因非生产经营单位原因造成且生产经营单位自身无法排除的隐患，为一级事故隐患。

市级负有安全生产监管职责的部门可以根据需要，对上述规定的事故隐患分级予以细化、补充。

企业是隐患存在的主体，只要没有被判定为违法，完全可以自主决定如何分级，但出于建立地方和全国比较统一的隐患排查治理体系的需要，在上报时可以采用政府主管部门所规定的分级方式。

三、事故隐患的特征

事故隐患存在形式多样，若不及时排查并消除，将随时导致事故的发生。事故隐患的特征主要有以下 9 个方面：

1. 隐蔽性

事故隐患具有隐蔽、藏匿、潜伏的特点，具有不可明见性。它在一定的时间、范围和条件下，显现出好似静止、不变的状态，往往使人一时看不清楚，意识不到，感觉不出它的存在。在企业生产过程中，常常遇到认为不该发生事故的区域、地点、设备、工具，却发生了事故。这都与当事者不能正确认识事故隐患的隐蔽性特点有关。

2. 突发性

任何事物都存在量变到质变，渐变到突变的过程，事故隐患也不例外，集小变而为大变，集小患而为大患是一条基本规律。比如在化工企业生产中，常常要与易燃易爆物质打交道，有些原、辅材料本身的燃点、闪点很低，爆炸极限范围很宽，稍不留意，随时都有可能造成事故的突然发生。

3. 因果性

隐患是事故发生的原因，而事故则是隐患存在和发展的必然结果。在企业组织生产的过程中，每个人的言行都会对企业安全管理工作产生不同程度的影响，特别是企业领导对待事故隐患所持的态度不同，往往会导致安全生产的结果截然不同，所谓“严是爱，宽是害，不管不问遭祸害”，就是这种因果关系的具体体现。

4. **连续性**

安全生产工作中，常常会遇到一种事故隐患掩盖另一种事故隐患，一种事故隐患与其他事故隐患相联系而存在的现象。例如，在成品转运站，如果装卸搬运的机械设备、工具发生隐患故障，就会引起产品堆放超高、安全通道堵塞、作业场地变小，并造成调整难、堆放难、起吊难、转运难等方面的事故隐患，这种连带的、持续的、发生在生产过程中的事故隐患，对安全生产构成的威胁很大，处理不好就会造成祸不单行的局面。

5. **重复性**

事故隐患治理过一次或若干次后，并不等于其从此就销声匿迹、永不出现了，也不会因为发生一两次事故，就不再重复出现类似隐患引起同样的事故。只要企业的生产方式、生产条件、生产工具、生产环境等因素未改变，同一事故隐患就会重复出现。甚至在同一区域、同一地点出现相似的隐患、引发相同的事故，这种重复性也是事故隐患的重要特征之一。

6. **意外性**

这里的意外性是指未超出现有安全卫生标准的要求和规定以外的事故隐患。这些隐患潜伏于人—机系统中，有些隐患超出了人们的认识范围，或在短期内很难为劳动者所辨认，但却容易导致事故的发生。例如，36 伏是安全电压，然而夏季在劳动作业者流汗的情况下，却又很容易发生触电伤亡事故。这些隐患引发的事故，带有很大的偶然性、意外性，在日常安全管理工作中往往容易被忽视。

7. **时效性**

尽管事故隐患具有偶然性、意外性的一面，但如果从发现到消除的过程中，讲求时效，就可以避免其演变成事故；反之，初期不能有效地治理事故隐患，必然会导致严重后果。例如，一家企业的主厂房两年前被定为危房，然而治理工作一拖再拖，结果一面墙突然倒塌，7 名工人被夺去了宝贵的生命，直接损失达百万元之多。这起事故说明了对隐患治理不讲时效，拖得越久，代价越大。

8. **特殊性**

事故隐患具有普遍性，同时又具有特殊性。由于人、机、物料、管理、环境的本质安全水平不同，其事故隐患的属性、特征是不尽相同的，在不同的行业、企业，不同的岗位，其表现形式和变化过程更是千差万别。即使是同一种事故隐患，在使用相同的设备、相同的工具从事相同性质的作业时，也会存在差异。如果在生产实践中认识不到事故隐患的特殊性，不及时采取措施，所造成的后果必然是非常严重的。

9. 季节性

某些事故带有明显的季节性特点，随着季节的变化而变化。一年四季中，夏天由于天气炎热、气温高、雷雨多、食物易腐烂或变质等客观条件，容易引发人员中暑、食物中毒、洪涝、雷击等事故危害；使用、维修电器的人员还会因为汗水过多而产生触电等事故隐患；冬季由于天寒地冻、风干物燥，极易产生火灾、冻伤、煤气中毒等事故隐患。充分认识各个季节的环境特点，适时地、有针对性地做好事故隐患的季节性防治工作，对于企业的安全生产十分重要。

四、事故隐患排查与治理

事故隐患排查工作是指生产经营单位组织安全管理人员、工程技术人员和其他相关人员对本单位的事故隐患进行排查，并对排查出的事故隐患按照等级进行登记，建立信息档案。

事故隐患治理是指消除或控制事故隐患的活动或过程。对于一般事故隐患，由于其危害和整改难度较小，发现后应当由生产经营单位（车间、分厂、区队等）负责人或者有关人员立即组织整改；对于重大事故隐患，由生产经营单位主要负责人组织制定并实施治理方案。

第二节 事故预防与致因理论

一、事故预防的重要作用

美国著名安全工程师海因里希（Herbert William Heinrich）在调查了5 000多起伤害事件后发现，大约在330起事件中，有29次造成了人员的轻伤，有1次造成了人员的重伤。这些伤害事件发生之前，可能已经存在或者发生了数量庞大的人的不安全动作或物的不安全状态，即严重伤害、轻微伤害和没有伤害的事件数之比为 1∶29∶300。这就是著名的安全累积原理，也叫海因里希法则（海因里希事故三角形理论），如图 1—1 所示。在实际统计中，这个比例的具体数值可能会发生变化，但是比例大致会维持不变。

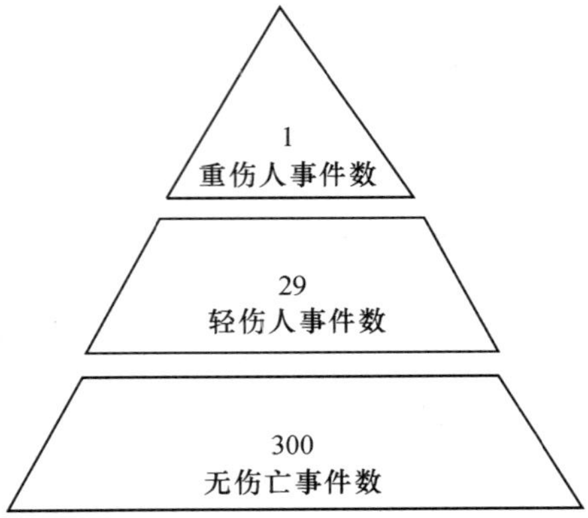

图 1—1　海因里希事故三角形理论

海因里希事故三角形理论揭示了事故的严重度和事故发生的次数或者频率之间的关系，其含义是：如果轻微事故（如尚未造成任何损失的违章现象）的发生频率很大，次数达到一定数量，造成严重损失的重特大事故可能就无法避免，所以严重事故是轻微事故、日常管理欠缺累积的结果。根据海因里希事故三角形理论，要预防重大事故，必须从日常细节管理开始，严格控制轻微事故的发生，要杜绝生产过程中各种人的不安全行为、物的不安全状态和管理上的缺陷，即要做好各种保障安全生产的事故隐患排查和治理工作。所以，事故三角形理论所阐述的累积原理对于事故预防来说具有特别重要的意义。

可以说，预防是解决危机最好的办法。古人云："居安思危，有备无患。"在事故隐患治理工作中，需要进行隐患排查，尽可能辨识所有的危险情况。只有做到这一点，才能做到尽量少出事故，甚至不出事故。

二、事故致因理论综述

事故预防的过程是从风险识别、风险评估和风险控制的过程开始的，因此，有一个逻辑严密、含义明确、便于实践应用的事故致因理论，并用之进行事故分析、事故责任划分、事故预防策略的制定至关重要。事故致因理论是基于发生的大量典型事故，通过对事故发生的本质原因进行分析，从而总结、提炼出的事故原理和事故模型。事故致因理论是进行风险识别或危险源辨识的基础，其中，危险源指的是事故的原因，其中就包含了事故隐患的概念，隐患排查就是危险源辨识的过程。风险识别要依据事故致因理论来进行，因此，选用科学、完善的事故致因模型至关重要。事故致因模型有很多种，如瑞士奶酪模型（Swiss Cheese Model）、人因分析与分类系统（HFACS）、系统理论事故模型及过程（STAMP）、“2-4”模型（2-4 Model）等。

事故致因模型对研究事故原因并制定有针对性的预防对策有重要作用。事故致因模型可以分为 3 个部分：①事故致因链，它是事故原因分析基础，也是基本理论路线制定的理论基础；②事故归因论，它是事故预防策略制定的理论基础；③安全累积原理，如前所述的“事故三角形法则”（“海因里希法则”），它是重大事故预防的理论基础。其中，主导原因分析、事故预防基本路线的事故致因链最为关键。事故致因链理论有 3 个发展阶段：①古典事故致因链，主要是从事故引发者个人特质上分析事故原因；②近代事故致因链，将事故的原因归为组织的“管理缺欠”，但是并未给出“管理”的具体内容，因此其“缺欠”也就不明确；③现代事故致因链，用多种方式将事故的根本原因中的“管理”具体化，从而明确其“缺欠”，以便具体解决这个“缺欠”。

1. 古典事故致因链

1931 年，海因里希在《工业事故预防》一书中，论述了事故发生的因果连锁理论，后人称其为海因里希因果连锁理论。该理论指出事故致因链由“5 块骨牌”组成，如图 1—2 所示，分别为根本原因、间接原因、直接原因、事故和事故的损失。海因里希把工业伤害事故的发生发展过程描述为具有一定因果关系事件的连锁，即人员伤亡的发生是事故的结果，事故的发生原因是人的不安全行为或物的不安全状态，人的不安全行为或物的不安全状态是由于人的缺点造成的，人的缺点是由于不良环境诱发或者是由先天的遗传因素造成的。

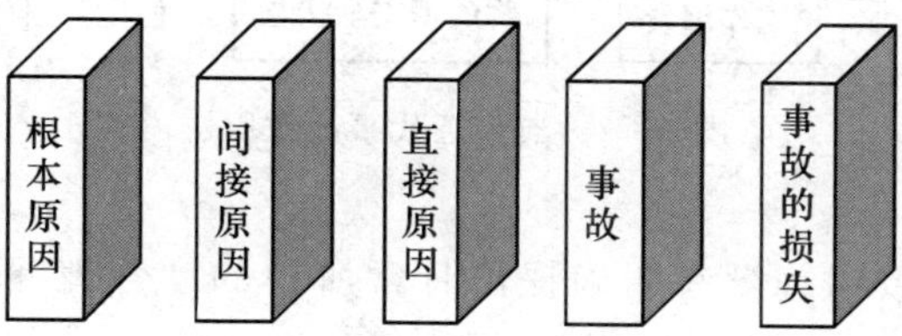

图 1—2 海因里希事故致因链

海因里希将事故因果连锁过程概括为 5 个因素，分别为遗传及社会环境、人的缺点、人的不安全行为或物的不安全状态、事故、伤害，并用多米诺骨牌来形象地描述这种事故因果连锁的关系。在多米诺骨牌系列中，一块骨牌被碰倒了，则将发生连锁反应，其余的几块骨牌会被相继碰倒。如果移去中间的一块骨牌，则连锁被破坏，事故过程即被中止。他认为，企业安全工作的中心就是防止人的不安全行为，消除机械的或物的不安全状态，中断事故连锁的进程，从而避免事故的发生。

但海因里希事故致因链中事故的损失和事故的直接原因不够完善，将事故的损失仅仅称为是导致或不导致死亡的致命、非致命伤害，而实践中事故的损失应包含伤害、经济损失、环境破坏。

海因里希事故致因链没有定位“管理缺欠”的方法。由于事故的间接原因、根本原因均被称为事故引发者个人的特质问题，人们看不到事故引发人所在组织及其活动的作用和责任，组织的活动其实就是“管理”，也就是说，海因里希没有指出事故发生原因中“管理”所起的作用，“管理缺欠”的解决办法自然也就无从谈起。

2. 近代事故致因链

1972 年，美国学者威格尔·斯沃思（Wiggle Sworth）提出的教育模型，1976 年，美国学者博德（Bird）和洛夫图斯（Loftus）提出的事故致因链是典型的近代事故致因链，如图 1—3 所示。该理论认为事故的直接原因是人（事故引发者，下同）的过错动作，间接原因是人缺乏知识，根本原因是培训教育不够。人的过错动作即海因里希说的“人的不安全行为和物的不安全状态”，而培训教育是人所在组织的一种安排，可以看作是人所在组织的活动或者行为之一，也就是组织管理的一部分。该观点在保持海因里希的事故直接原因的同时，将事故的间接原因“人的缺点”改为人和工作因素，将根本原因改为“管理缺欠”。

图 1—3　典型近代事故致因链

然而，近代事故致因链没有明确提出日常所说的“管理漏洞”对应的“管理缺欠”的具体内容，原因在于没有给出“管理”的具体内容。而作为事故间接原因的个人因素、工作因素，也同样不够具体，不具体也就意味着找不到具体的解决问题的策略。

3. 现代事故致因链

美国学者斯特瓦特（J. M. Stewart）于 2000 年提出了一种现代事故致因链，如图 1—4 所示，将事故的间接原因具体化为“直线部门负责安全、员工参与和培训、综合安全体系、安全专业组织及专业人员”4 个方面，将根本原因具体化为“管理承诺”，即领导承诺。现代事故致因链将古典和近代的典型事故致因链明显具体化，在一定程度上为消除间接原因、根本原因而预防事故提供了比较可行的途径。

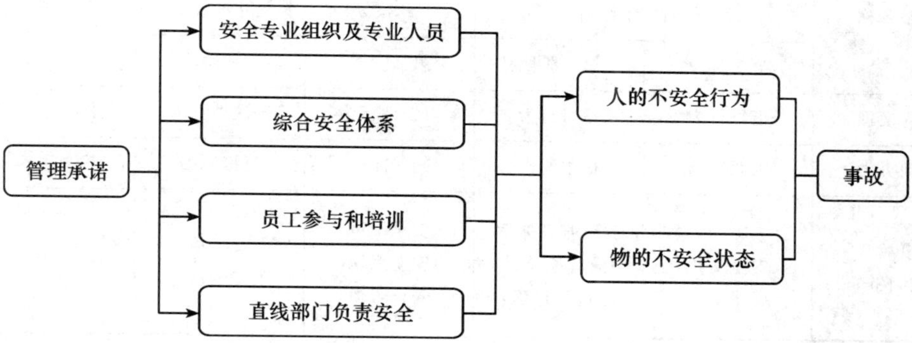

图 1—4 斯特瓦特（J. M. Stewart）事故致因链

中国矿业大学（北京）行为安全专家傅贵教授通过深入研究分析后，认为该理论存在以下几个方面的不足之处：

（1）管理承诺或者领导承诺的内容不清。

（2）作为间接原因的 4 个元素不够充分，含义不清晰，不能从中悟出“管理”及“管理缺欠”的具体内容。

（3）事故的根本原因、间接原因的内容比较散乱，与当今世界广泛提倡并认为是组织事故预防根本手段的“安全文化建设”“职业健康安全管理体系”之间也没有清楚、严密的逻辑对应关系，员工、相关管理人员、安全专业人士等会对事故致因理论、安全文化、管理体系等各自的作用及其相互关系感到困惑，从而导致工作困难。

三、“2-4”模型

傅贵教授经过 10 多年的研究，提出了行为安全模型（“2-4”模型）这一现代事故致因链，如表 1—1 和图 1—5 所示。“2-4”模型将事故的原因首先分为事故引发人所在组织的内部原因和外部原因两个方面，事故主要由组织内部原因引起，分析事故时也主要以组织为基本单元进行。其中，组织内部的原因分为组织行为原因和个人行为原因两个层面。组织行为层面的事故原因共分为 4 个阶段，其中组织的安全文化和安全管理体系两个阶段，个人行为层面的事故原因分为习惯性行为和一次性行为与物态两个阶段。组织外部原因包含了外部因素模块。

表 1—1　　　　事故原因和行为的对应关系

链条名称	发展层面和阶段				发展结果	
	第一层面（组织行为）		第二层面（个人行为）			
	第 1 阶段	第 2 阶段	第 3 阶段	第 4 阶段		
行为发展	指导行为	运行行为	习惯性行为	一次性行为	事故	损失
原因分类	根源原因	根本原因	间接原因	直接原因	事故	损失
事故致因链	安全文化	安全管理体系（含体系文件与运行过程）	安全知识 安全意识 安全习惯	不安全动作 不安全物态	事故	损失

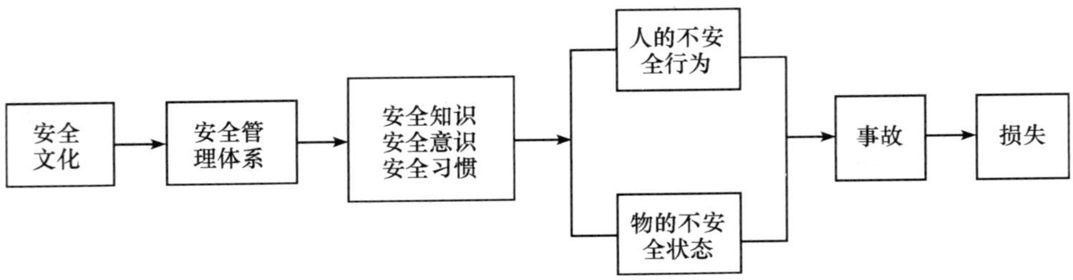

图 1—5　行为安全“2-4”模型

“2-4”模型中各原因模块的内容和定义见表 1—2。该模型不只是分析事故引发者引发事故的致因模型，也可以全面分析所有事故的致因因素。因为事故引发者在引发事故过程中，难免会受到组织内其他人员（如上下级员工、同事之间等）的影响，也会受到其他外部组织与自然因素等的影响，而这些因素必须在致因模型中和事故分析时有所反映，才能完整揭示出一起事故发生的全部原因。因此，“2-4”模型可用于所有行业的质量、安全、健康、安保、环境（QHSSE）等各类事故的原因分析与预防。基于“2-4”模型的分析，可以直观清晰地找出导致事故的原因，并指向明确地给出预防事故的措施，当然也能为事故隐患的排查工作提供很好的依据。

表 1—2　　　　“2-4”模型中模块的内容和定义

序号	模块名称	定义	备注
1	事故	人们不期望发生的、造成或者有可能造成生命与健康损害、财产损失、环境破坏的意外事件	通常是 QHSSE 事故的一种
2	人的不安全行为	一次性不安全行为，是引起当次事故或者对当次事故发生有重要影响的动作，是可见的，是事故的直接原因之一	显性因素

续表

序号		模块名称	定义	备注
3		物的不安全状态	是指引起当次事故或者对当次事故的发生有重要影响的物态，它由人的不安全行为产生或者习惯性行为激活。其控制包括声、光、力、电、化、热、磁、化学、生物等机制	显性因素
4	4.1	安全知识	指导致人的不安全行为的发生或者物的不安全状态的激活相关的知识缺乏，即“不知道”，含经验、技能等	—
	4.2	安全意识	指与事故发生密切相关的及时发现危险源、及时消除或者处理危险源的能力，安全意识的缺失可能会导致人的不安全行为的发生或者激活物的不安全状态，是产生事故的直接原因，进而引起事故发生	—
	4.3	安全习惯	指与事故发生密切相关的平时习惯，即平时的做法。平时习惯不佳可能会导致人的不安全行为的发生或者激活物的不安全状态，是产生事故的直接原因，进而引起事故发生	统称为“习惯性不安全行为”，是隐性因素
	4.4	安全心理	指与当次事故发生密切相关的平时心理状态。平时的心理状态不佳，可能会导致人的不安全行为的发生或者激活物的不安全状态，是产生事故的直接原因，进而引起事故发生	—
	4.5	安全生理	指与当次事故发生密切相关的平时生理状态。平时的生理状态不佳，可能会导致人的不安全行为的发生或者激活物的不安全状态，是产生事故的直接原因，进而引起事故发生	—
5		安全管理体系	指按照管理体系标准建立的职业健康安全管理体系，含安全方针、安全管理组织结构、安全管理程序等内容	—
6		安全文化	即安全工作指导思想的具体内容或来源，分为若干条目	可进行培训与定量测量
7		外部因素	指本组织以外的监督、检查单位等的不当监管活动以及自然、社会因素、咨询、设计等影响事故发生的因素	其他组织可按本组织分析

第二章　事故隐患排查与治理管理体系

第一节　事故隐患排查与治理法律责任

一、相关法律要求

1.《中华人民共和国安全生产法》相关规定

《中华人民共和国安全生产法》（以下简称《安全生产法》）于2002年6月29日第九届全国人民代表大会常务委员会第二十八次会议通过，根据2009年8月27日第十一届全国人民代表大会常务委员会第十次会议关于《关于修改部分法律的决定》进行第一次修正，根据2014年8月31日第十二届全国人民代表大会常务委员会第十次会议《关于修改〈中华人民共和国安全生产法〉的决定》进行第二次修正。《安全生产法》对事故隐患排查与治理工作的责任落实、工作要求、责任追究等做出了系统的规定。有关事故隐患的规定中，多数涉及企业及其主要负责人、安全管理人员、职工等对隐患排查与治理（管理）的义务及其违法行为所应承担的责任，从法律层面反映出企业是安全生产的责任主体，也是事故隐患管理的责任主体。

（1）企业主要负责人事故隐患管理主要职责。《安全生产法》第十八条：生产经营单位的主要负责人要督促、检查本单位的安全生产工作，及时消除生产安全事故隐患。

（2）企业安全生产管理人员事故隐患管理主要职责。《安全生产法》第二十二条：生产经营单位的安全生产管理机构以及安全生产管理人员要检查本单位的安全生产状况，及时排查生产安全事故隐患，提出改进安全生产管理的建议；制止和纠正违章指挥、强令冒险作业、违反操作规程的行为；督促落实本单位安全生产整改措施。

（3）企业与各级安全生产监督管理部门事故隐患管理主要职责。《安全生产法》第三十八条：生产经营单位应当建立健全生产安全事故隐患排查治理制度，采取技术、管理措施，及时发现并消除事故隐患。事故隐患排查治理情况应当如实记录，并向从业人员通报。县级以上地方各级人民政府负有安全生产监督管理职责的部门应当建立健全重大事故隐患治理督办制度，督促生产经营单位消除重大事故隐患。

（4）企业安全生产管理人员发现事故隐患处理方式。《安全生产法》第四十三条：生产经营单位的安全生产管理人员应当根据本单位的生产经营特点，对安全生产状况进行经常性检查；对检查中发现的安全问题，应当立即处理；不能处理的，应当及时报告本单位有关负责人，有关负责人应当及时处理。检查及处理情况应当如实记录在案。

生产经营单位的安全生产管理人员在检查中发现重大事故隐患，向本单位有关负责人报告，有关负责人不及时处理的，安全生产管理人员可以向负有安全生产监督管理职责的主管部门报告，接到报告的部门应当依法及时处理。

（5）企业从业人员发现事故隐患的处理方式。《安全生产法》第五十六条：从业人员发现事故隐患或者其他不安全因素，应当立即向现场安全生产管理人员或者本单位负责人报告；接到报告的人员应当及时予以处理。

（6）企业工会发现事故隐患的处理方式。《安全生产法》第五十七条：工会有权对建设项目的安全设施与主体工程同时设计、同时施工、同时投入生产和使用进行监督，提出意见。

工会对生产经营单位违反安全生产法律、法规，侵犯从业人员合法权益的行为，有权要求纠正；发现生产经营单位违章指挥、强令冒险作业或者发现事故隐患时，有权提出解决的建议，生产经营单位应当及时研究答复；发现危及从业人员生命安全的情况时，有权向生产经营单位建议组织从业人员撤离危险场所，生产经营单位必须立即做出处理。

（7）安全生产监督管理部门和负有安全生产监督管理部门职责的主管部门检查企业发现事故隐患的处理方式。《安全生产法》第五十九条：县级以上地方各级人民政府应当根据本行政区域内的安全生产状况，组织有关部门按照职责分工，对本行政区域内容易发生重大生产安全事故的生产经营单位进行严格检查。

安全生产监督管理部门应当按照分类分级监督管理的要求，制订安全生产年度监督检查计划，并按照年度监督检查计划进行监督检查，发现事故隐患，应当及时处理。

第六十二条：安全生产监督管理部门和其他负有安全生产监督管理职责的部门依法开展安全生产行政执法工作，对生产经营单位执行有关安全生产的法律、法规和国家标准或者行业标准的情况进行监督检查，行使以下职权：

（一）进入生产经营单位进行检查，调阅有关资料，向有关单位和人员了解情况。

（二）对检查中发现的安全生产违法行为，当场予以纠正或者要求限期改正；对依法应当给予行政处罚的行为，依照该法和其他有关法律、行政法规的规定做出行政处罚决定。

（三）对检查中发现的事故隐患，应当责令立即排除；重大事故隐患排除前或者排除过程中无法保证安全的，应当责令从危险区域内撤出作业人员，责令暂时停产停业或者停止使用相关设施、设备；重大事故隐患排除后，经审查同意，方可恢复生产经营和使用。

（四）对有根据认为不符合保障安全生产的国家标准或者行业标准的设施、设备、器材以及违法生产、储存、使用、经营、运输的危险物品予以查封或者扣押，对违法生产、储存、使用、经营危险物品的作业场所予以查封，并依法做出处理决定。

监督检查不得影响被检查单位的正常生产经营活动。

（8）企业存在重大事故隐患的监督管理。《安全生产法》第六十七条：负有安全生产监督管理职责的部门依法对存在重大事故隐患的生产经营单位作出停产停业、停止施工、停止使用相关设施或者设备的决定，生产经营单位应当依法执行，及时消除事故隐患。生产经营单位拒不执行，有发生生产安全事故的现实危险的，在保证安全的前提下，经本部门主要负责人批准，负有安全生产监督管理职责的部门可以采取通知有关单位停止供电、停止供应民用爆炸物品等措施，强制生产经营单位履行决定。通知应当采用书面形式，有关单位应当予以配合。

负有安全生产监督管理职责的部门依照前款规定采取停止供电措施，除有危及生产安全的紧急情形外，应当提前二十四小时通知生产经营单位。生产经营单位依法履行行政决定、采取相应措施消除事故隐患的，负有安全生产监督管理职责的部门应当及时解除前款规定的措施。

（9）群众的事故隐患相关权利与责任。《安全生产法》第七十一条：任何单位或者个人对事故隐患或者安全生产违法行为，均有权向负有安全生产监督管理职责的部门报告或者举报。

第七十二条：居民委员会、村民委员会发现其所在区域内的生产经营单位存在事故隐患或者安全生产违法行为时，应当向当地人民政府或者有关部门报告。

（10）重大事故隐患报告奖惩机制。《安全生产法》第七十三条：县级以上各级人民政府及其有关部门对报告重大事故隐患或者举报安全生产违法行为的有功人员，给予奖励。具体奖励办法由国务院安全生产监督管理部门会同国务院财政部门制定。

第八十七条：负有安全生产监督管理职责的部门的工作人员，有下列行为之一的，给予降级或者撤职的处分；构成犯罪的，依照刑法有关规定追究刑事责任：

（一）对不符合法定安全生产条件的涉及安全生产的事项予以批准或者验收通过的。

（二）发现未依法取得批准、验收的单位擅自从事有关活动或者接到举报后不予取缔或者不依法予以处理的。

（三）对已经依法取得批准的单位不履行监督管理职责，发现其不再具备安全生产条件而不撤销原批准或者发现安全生产违法行为不予查处的。

（四）在监督检查中发现重大事故隐患，不依法及时处理的。

第九十四条：生产经营单位有下列行为之一的，责令限期改正，可以处五万元以下的罚款；逾期未改正的，责令停产停业整顿，并处五万元以上十万元以下的罚款，对其直接负责的主管人员和其他直接责任人员处一万元以上二万元以下的罚款：

（一）未按照规定设置安全生产管理机构或者配备安全生产管理人员的。

（二）危险物品的生产、经营、储存单位以及矿山、金属冶炼、建筑施工、道路运输单位的主要负责人和安全生产管理人员未按照规定经考核合格的。

（三）未按照规定对从业人员、被派遣劳动者、实习学生进行安全生产教育和培训，或者未按照规定如实告知有关的安全生产事项的。

（四）未如实记录安全生产教育和培训情况的。

（五）未将事故隐患排查治理情况如实记录或者未向从业人员通报的。

（六）未按照规定制定生产安全事故应急救援预案或者未定期组织演练的。

（七）特种作业人员未按照规定经专门的安全作业培训并取得相应资格，上岗作业的。

第九十八条：生产经营单位有下列行为之一的，责令限期改正，可以处十万元以下的罚款；逾期未改正的，责令停产停业整顿，并处十万元以上二十万元以下的罚款，对其直接负责的主管人员和其他直接责任人员处二万元以上五万元以下的罚款；构成犯罪的，依照刑法有关规定追究刑事责任：

（一）生产、经营、运输、储存、使用危险物品或者处置废弃危险物品，未建立专门安全管理制度、未采取可靠的安全措施的。

（二）对重大危险源未登记建档，或者未进行评估、监控，或者未制定应急预案的。

（三）进行爆破、吊装以及国务院安全生产监督管理部门会同国务院有关部门规定的其他危险作业，未安排专门人员进行现场安全管理的。

（四）未建立事故隐患排查治理制度的。

第九十九条：生产经营单位未采取措施消除事故隐患的，责令立即消除或者限期消除；生产经营单位拒不执行的，责令停产停业整顿，并处十万元以上五十万元以下的罚款，对其直接负责的主管人员和其他直接责任人员处二万元以上五万元以下的罚款。

2.《中华人民共和国职业病防治法》相关规定

《中华人民共和国职业病防治法》（以下简称《职业病防治法》）于 2001 年 10 月 27 日第九届全国人民代表大会常务委员会第二十四次会议通过，根据 2011 年 12 月 31 日第十一届全国人民代表大会常务委员会第二十四次会议《关于修改〈中华人民共和国职业病防治法〉的决定》第一次修正，根据 2016 年 7 月 2 日第十二届全国人民代表大会常务委员会第二十一次会议《关于修改〈中华人民共和国节约能源法〉等六部法律的决定》第二次修正，根据 2017 年 11 月 4 日第十二届全国人民代表大会常务委员会第三十次会议《关于修改〈中华人民共和国会计法〉等十一部法律的决定》第三次修正。

第三十四条：用人单位的主要负责人和职业卫生管理人员应当接受职业卫生培训，遵守职业病防治法律、法规，依法组织本单位的职业病防治工作。用人单位应当对劳动者进行上岗前的职业卫生培训和在岗期间的定期职业卫生培训，普及职业卫生知识，督促劳动者遵守职业病防治法律、法规、规章和操作规程，指导劳动者正确使用职业病防护设备和个人使用的职业病防护用品。劳动者应当学习和掌握相关的职业卫生知识，增强职业病防范意识，遵守职业病防治法律、法规、规章和操作规程，正确使用、维护职业病防护设备和个人使用的职业病防护用品，发现职业病危害事故隐患应当及时报告。

《职业病防治法》明确指出了职业病危害因素的识别、控制和报告是事故隐患排查与治理的重要工作内容。另外，国家职业病防治规划（2016—2020年）明确提出，要强化行业自律和监督管理职责，推动企业落实主体责任，推进职业病危害源头治理，预防和控制职业病发生。

3.《中华人民共和国消防法》相关规定

2008年10月28日，全国人民代表大会常务委员会第五次会议修订通过《中华人民共和国消防法》（以下简称《消防法》），自2009年5月1日起施行。《消防法》对火灾预防（隐患管理）的有关规定主要如下：

第十六条：机关、团体、企业、事业等单位应当履行下列消防安全职责：

（一）落实消防安全责任制，制定本单位的消防安全制度、消防安全操作规程，制定灭火和应急疏散预案。

（二）按照国家标准、行业标准配置消防设施、器材，设置消防安全标志，并定期组织检验、维修，确保完好有效。

（三）对建筑消防设施每年至少进行一次全面检测，确保完好有效，检测记录应当完整准确，存档备查。

（四）保障疏散通道、安全出口、消防车通道畅通，保证防火防烟分区、防火间距符合消防技术标准。

（五）组织防火检查，及时消除火灾隐患。

（六）组织进行有针对性的消防演练。

（七）法律、法规规定的其他消防安全职责。

第十七条：消防安全重点单位除应当履行上述职责外，还应当履行下列消防安全职责：

（一）确定消防安全管理人，组织实施本单位的消防安全管理工作。

（二）建立消防档案，确定消防安全重点部位，设置防火标志，实行严格管理。

（三）实行每日防火巡查，并建立巡查记录。

（四）对职工进行岗前消防安全培训，定期组织消防安全培训和消防演练。

第十九条：生产、储存、经营易燃易爆危险品的场所不得与居住场所设置在同一建筑物内，并应当与居住场所保持安全距离。生产、储存、经营其他物品的场所与居住场所设置在同一建筑物内的，应当符合国家工程建设消防技术标准。

第二十一条：禁止在具有火灾、爆炸危险的场所吸烟、使用明火。因施工等特殊情况需要使用明火作业的，应当按照规定事先办理审批手续，采取相应的消防安全措施；作业人员应当遵守消防安全规定。进行电焊、气焊等具有火灾危险作业的人员和自动消防系统的操作人员，必须持证上岗，并遵守消防安全操作规程。

第二十二条：生产、储存、装卸易燃易爆危险品的工厂、仓库和专用车站、码头的设置，应当符合消防技术标准。易燃易爆气体和液体的充装站、供应站、调压站，应当设置在符合消防安全要求的位置，并符合防火防爆要求。已经设置的生产、储存、装卸易燃易爆危险品的工厂、仓库和专用车站、码头，易燃易爆气体和液体的充装站、供应站、调压站，不再符合规定要求的，地方人民政府应当组织、协调有关部门、单位限期解决，消除事故隐患。

第二十三条：生产、储存、运输、销售、使用、销毁易燃易爆危险品，必须执行消防技术标准和管理规定。进入生产、储存易燃易爆危险品的场所，必须执行消防安全规定。禁止非法携带易燃易爆危险品进入公共场所或者乘坐公共交通工具。

第二十八条：任何单位、个人不得损坏、挪用或者擅自拆除、停用消防设施、器材，不得埋压、圈占、遮挡消火栓或者占用防火间距，不得占用、堵塞、封闭疏散通道、安全出口、消防车通道。人员密集场所的门窗不得设置影响逃生和灭火救援的障碍物。

第二十九条：负责公共消防设施维护管理的单位，应当保持消防供水、消防通信、消防车通道等公共消防设施的完好有效。在修建道路以及停电、停水、截断通信线路时有可能影响消防队灭火救援的，有关单位必须事先通知当地公安机关消防机构。

二、《安全生产“十三五”规划》相关规定

国务院办公厅印发的《安全生产“十三五”规划》（国办发〔2017〕3号，以下简称《规划》）要求实施安全发展战略，把安全生产贯穿于规划、设计、建设、管理、生产、经营等各环节，严格安全生产市场准入，不断完善风险分级管控和隐患排查治理双重预防机制，有效控制事故风险。对事故隐患有关的规定主要如下：

1. 强化企业主体责任

落实企业主要负责人对本单位安全生产和职业健康工作的全面责任，完善落实混合所有制、境外中资企业安全生产责任。督促企业依法设置安全生产管理机构，配备安全生产管理人员和注册安全工程师。严格实行企业全员安全生产责任制，明确各岗位的责任人员、责任范围和考核标准，加强对安全生产责任制落实情况的监督考核。完善企业从业人员安全生产教育培训制度。严格执行新建改建扩建工程项目安全设施、职业健康“三同时”（同时设计、同时施工、同时投入生产和使用）制度。制定安全风险辨识与管理指南，完善重大危险源登记建档、检测、评估、监控制度。健全隐患分类分级标准，建立隐患排查治理第三方评价制度以及隐患自查自改自报的管理制度。严格落实企业安全生产条件，保障安全投入，推动企业安全生产标准化达标升级，实现安全管理、操作行为、设备设施、作业环境标准化。鼓励企业建立与国际接轨的安全管理体系。

2. 落实安全监督管理责任

坚持“党政同责、一岗双责、齐抓共管、失职追责”和“管行业必须管安全、管业务必须管安全、管生产经营必须管安全”，强化地方各级党委、政府对安全生产工作的领导，把安全生产列入重要议事日程，纳入本地区经济社会发展总体规划，推动安全生产与经济社会协调发展。理清安全生产综合监管与行业监管的关系，依法依规制定安全生产权力和责任清单，明确省、市、县负有安全生产监督管理职责部门的执法责任和监管范围，落实各有关部门的安全监管责任。完善矿山、危险化学品、道路交通、海洋石油等重点行业领域安全监管体制。落实开发区、工业园区、港区、风景区等功能区安全监管责任。健全联合执法、派驻执法、委托执法等机制，消除监管盲区和监管漏洞，解决交叉执法、重复执法等问题。

3. 抓好重点行业领域依法监管和专项治理

对易发重特大事故的行业领域，要推动安全生产关口前移，深化重点行业领域专项治理，狠抓隐患排查、责任落实、健全制度和完善监管，加强安全生产监管执法和应急救援工作。其中，煤矿、非煤矿山、危险化学品、烟花爆竹、工贸、职业健康六大领域，是防范遏制重特大事故的重点领域，更是各级安全监管监察部门推动安全生产依法治理的关键行业。针对六大领域，《规划》提出：推动不安全矿井有序退出；开展采空区、病危险库、“头顶库”专项治理；坚决淘汰不符合安全生产条件的烟花爆竹生产企业；加快实施人口密集区域危险化学品和化工企业生产、仓储场所安全搬迁工程；严格烟花爆竹生产准入条件，实现重点涉药工序机械化生产和人机、人药隔离操作；推动工贸企业健全安全管理体系，深化金属冶炼、粉尘防爆、涉氨制冷等重点领域环节专项治理；夯实职业病危害防护基础，加强作业场所职业病危害管控，提高防治技术支撑水平。

《规划》把坚决遏制重特大事故频发势头作为“十三五”时期安全生产工作的重中之重，提出加快构建风险等级管控、隐患排查治理两条防线，采取有效的技术、工程和管理控制措施，坚持预防为主、标本兼治、系统建设、依法治理，切实降低重特大事故发生频次和危害后果，最大限度减少人员伤亡和财产损失。

三、《中共中央　国务院关于推进安全生产领域改革发展的意见》相关规定

2016 年 12 月 9 日，《中共中央　国务院关于推进安全生产领域改革发展的意见》（中发〔2016〕32 号）印发。这是新中国成立以来第一个以党中央、国务院名义出台的安全生产工作的纲领性文件，对推动我国安全生产工作具有里程碑式的重大意义。文件提出的一系列改革举措和任务要求，为当前和今后一个时期我国安全生产领域的改革发展指明了方向和路径。为进一步加强安全生产工作，提出了推进安全生产领域改革发展的意见，关于隐患排查和治理的相关要求如下：

1. 坚持源头防范

严格安全生产市场准入，经济社会发展要以安全为前提，把安全生产贯穿城乡规划布局、设计、建设、管理和企业生产经营活动全过程。构建风险分级管控和隐患排查治理双重预防工作机制，严防风险演变、隐患升级导致生产安全事故发生。

2. 坚持系统治理

严密层级治理和行业治理、政府治理、社会治理相结合的安全生产治理体系，组织动员各方面力量实施社会共治。综合运用法律、行政、经济、市场等手段，落实人防、技防、物防措施，提升全社会安全生产治理能力。

3. 健全安全投入保障制度

及时研究部署安全生产工作，严格落实属地监管责任。充分发挥安全生产委员会作用，实施安全生产责任目标管理。建立安全生产巡查制度，督促各部门和下级政府

履职尽责。加强安全生产监管执法能力建设，推进安全科技创新，提升信息化管理水平。严格安全准入标准，指导管控安全风险，督促整治重大隐患，强化源头治理。加强应急管理，完善安全生产应急救援体系。依法依规开展事故调查处理，督促落实问题整改。

4. 强化企业预防措施

企业要定期开展风险评估和危害辨识。针对高危工艺、设备、物品、场所和岗位，建立分级管控制度，制定落实安全操作规程。树立"隐患就是事故"的观念，建立健全隐患排查治理制度、重大隐患治理情况向负有安全生产监督管理职责的部门和企业职代会"双报告"制度，实行自查自改自报闭环管理。严格执行安全生产和职业健康"三同时"制度。大力推进企业安全生产标准化建设，实现安全管理、操作行为、设备设施和作业环境的标准化。开展经常性的应急演练和人员避险自救培训，着力提升现场应急处置能力。

5. 建立隐患治理监督机制

制定生产安全事故隐患分级和排查治理标准。负有安全生产监督管理职责的部门要建立与企业事故隐患排查治理系统联网的信息平台，完善线上线下配套监管制度。强化隐患排查治理监督执法，对重大隐患整改不到位的企业依法采取停产停业、停止施工、停止供电和查封扣押等强制措施，按规定给予上限经济处罚，对构成犯罪的要移交司法机关依法追究刑事责任。严格重大隐患挂牌督办制度，对整改和督办不力的纳入政府核查问责范围，实行约谈告诫、公开曝光，情节严重的依法依规追究相关人员责任。

四、《安全生产事故隐患排查治理暂行规定》

《安全生产事故隐患排查治理暂行规定》经 2007 年 12 月 22 日国家安全生产监督管理总局局长办公会议审议通过，2007 年 12 月 28 日国家安全生产监督管理总局令第 16 号公布。该规定分总则、生产经营单位的职责、监督管理、罚则、附则 5 章 32 条，自 2008 年 2 月 1 日起施行。详细内容请查阅本规定。

五、《安全生产事故隐患排查治理体系建设实施指南》相关要求

2012 年 7 月 3 日，国务院安全生产委员会办公室发布《关于印发工贸行业企业安

全生产标准化建设和安全生产事故隐患排查治理体系建设实施指南的通知》（安委办〔2012〕28号）。在《安全生产事故隐患排查治理体系建设实施指南》中，对于企业事故隐患排查与治理工作的主要要求如下：

1. 企业事故隐患排查工作

企业是事故隐患（以下简称“隐患”）排查治理工作的主体，是隐患排查治理工作的直接实施者。

（1）企业自查隐患。企业自查隐患就是在政府及其部门的统一安排和指导下，确定自身分类分级的定位，采用其适用的隐患排查治理标准，通过准备、组织机构建设、建立健全制度、全面培训、实施排查、分析改进等步骤，形成完整、系统的企业自查机制。尤其是大型企业集团，应在企业内部形成连接所有管理层级和各个生产单位，以及当地安全监管部门的隐患排查治理体系。

1）准备工作。为保证隐患自查工作能够打下坚实的基础，企业必须做好与之相关的准备工作。隐患排查治理是涉及企业所有部门、所有生产流程、所有人员的一项系统工程，如果不做好全面的准备，那么所建立的隐患排查治理机制将缺乏系统性和可操作性，结果必然是“一阵风”式地开展一次“运动”，不能做到深入和持久地开展工作。准备工作主要包括：

①收集信息。由企业安全生产主管部门和有关专业人员，对现行的有关隐患排查治理工作的各种信息、文件、资料等通过多种行之有效的方式进行收集。此项工作也可以委托与企业有合作关系的技术服务方来实施。

②辅助决策。将收集信息形成的有关材料向企业管理层汇报，并说明有关情况，使企业管理层的领导能够全面、正确地理解和认识隐患排查治理工作，对企业隐患排查治理工作做出正确决策。

③领导决策。高、中层领导需要从思想意识中真正解决为什么要实施隐患排查治理工作的问题，并为此项工作提供充分的各类资源，隐患排查治理工作才会在企业得到有效和完全的实施。

2）组织机构建设。由企业“一把手”担任隐患排查治理工作的总负责人，以安全生产委员会或领导班子为总决策管理机构，以安全生产管理部门为办事机构，以基层安全生产管理人员为骨干，以全体员工为基础，形成从上至下的组织保证。形成从主要负责人到一线员工的隐患排查治理工作网络，确定各个层级的隐患排查治理职责。

①领导层。企业主要负责人是隐患排查治理工作的第一责任人，通过安委会、领导办公会等形式，将隐患排查治理工作纳入其日常工作的范围中，亲自定期组织和参与检查，及时准确把握情况，发出明确的指令。主管负责人要在其职责中明确有关隐患排查治理的内容，将有关情况上传下达，做好主要负责人的帮手。其他有关领导也要在各自管辖范围内做好隐患排查治理工作，至少要知道、过问、督促、确认。

②管理层。安全生产管理机构和专职安全生产管理人员是隐患排查治理工作的骨干力量，编制有关制度、培训各类人员、组织排查治理、下达整改指令、验证整改效果等是其主要的工作内容。此外，还要通过监督方式对各部门和下属单位及所有员工在隐患排查治理工作方面的履职情况进行了解，纳入考核，全力推动隐患排查治理工作的全方位和全员化。

③操作层。按照责任制、相关规章制度和操作规程中明确的隐患排查治理责任，在日常的各项工作中，员工要有高度的隐患意识，随时发现和处理各种隐息和事故苗头，自己不能解决的及时上报，同时采取临时性的控制措施，并注意做好记录，为统计分析隐患留下资料。

3）建立健全规章制度。制度是企业管理的基本依据，需要企业全面掌握法律法规、标准规范以及上级和外部的其他要求，结合自身的实际情况，通过编制工作将外部的规定转化为企业内部的各项规章制度，再经过全面执行和落实，变成企业的管理行动。隐患排查治理工作也不例外，基本按这一思路展开。

4）隐患排查治理标准的细化。企业应根据其适用的政府部门制定颁布的隐患排查治理标准，结合自身的实际情况，对标准的内容和要求进行细化。例如对企业主要负责人的安全生产职责中规定“督促、检查安全生产工作，及时消除生产安全事故隐患”的内容，企业就应当提出更具体的要求，明确督促的方式方法、检查的方式方法（对矿山等企业领导来说可能就要与下井带班作业相结合）、检查的频率（是每周还是每月参加一次）等。

（2）人员全面培训。在全面铺开工作之前，应对有关人员进行初步的培训，使其掌握“谁来干？干什么？如何干？工作质量有什么要求？”等内容。企业隐患排查治理体系建设的初期培训工作包括两个方面：一是对领导层（高层与中层）人员进行背景培训；二是对承担推进工作的骨干人员进行全面培训。通过对领导层（高层与中层）进行背景培训，使相关领导充分认识到企业实施隐患排查治理体系的重要意义、作用，让他们了解整个实施过程，知道自己在整个过程中的工作职责，以及应该给予隐患排查治理工作的支持和保障。对承担推进工作的骨干人员进行全面培训，主要内容包括：背景（可与领导层培训合并进行）、相关政策法规、隐患排查标准内容详解、制度编写、隐患排查治理过程等。

隐患排查的主体是企业的所有人员，包括从领导到一线员工直到在企业工作范围内的外部人员，以保证排查的全面性和有效性。在颁布隐患排查治理制度文件之后，组织全体员工，按照不同层次、不同岗位的要求，学习相应的隐患排查治理制度文件内容。所有人员能不能或者会不会隐患排查是关键，必须对其进行有针对性和有效果的教育培训。在各种安全生产教育培训工作中要将隐患排查的内容纳入，并根据需要做专门的培训，还要确认培训的效果，以保证所有人员有意识、有能力地开展隐患排查。

（3）实施排查。排查的实施是一个涉及企业所有管理范围的工作，需要有计划、按部就班地开展。

1）排查计划。排查工作涉及面广、时间较长，需要制订比较详细可行的实施计划，确定参加人员、排查内容、排查时间、排查安排、排查记录等内容。为提高效率，也可以与日常安全检查、安全生产标准化建设的自评工作或管理体系中的合规性评价和内审工作相结合。

2）排查的种类。隐患排查种类包括：

①专项排查。专项排查是指采用特定的、专门的排查方法，这种类别的方法具有周期性、技术性和投入性。专项排查主要有按隐患排查治理标准进行的全面自查、对重大危险源的定期评价、对危险化学品的定期现状安全评价等。

②日常排查。日常排查是指与安全生产检查工作的结合，具有日常性、及时性、全面性和群众性。日常排查主要有企业全面的安全大检查、主管部门的专业安全检查、专业管理部门的专项安全检查、各管理层级的日常安全检查、操作岗位的现场安全检查等。

③排查的实施。以专项排查为例，企业组织隐患排查组，根据排查计划到各部门和各所属单位进行全面排查，其流程及关键点如图 2—1 所示。排查时必须及时、准确和全面地记录排查情况和发现的问题，并随时与被检查单位的人员做好沟通。

3）排查结果的分析总结。一是评价本次隐患排查是否覆盖了计划中的范围和相关

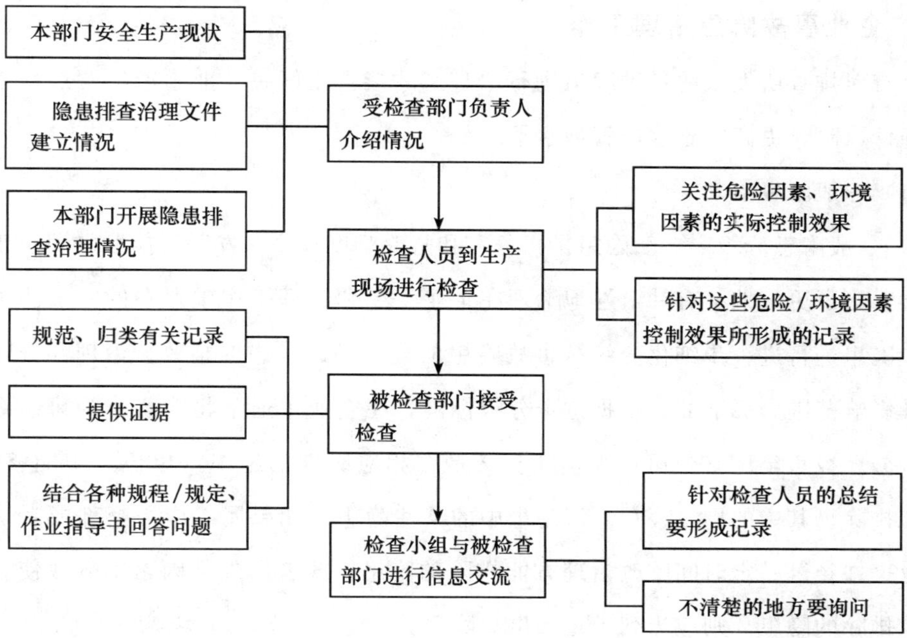

图 2—1 企业专项隐患排查流程及关键点

隐患类别；二是评价本次隐患排查是否做到了“全面、抽样”的原则，是否做到了重点部门、高风险和重大危险源适当突出的原则；三是确定本次隐患排查发现的问题，也包括确定隐患清单、隐患级别以及分析隐患的分布（包括隐患所在单位和地点的分布、种类）等；四是做出本次隐患排查治理工作的结论，填写隐患排查治理标准表格。

（4）纳入考核和持续改进。为了确保隐患排查治理工作顺利进行，领导必须责成有关部门以考核手段为基本的保障，必须规定上至“一把手”、下至普通的员工以及所有检查人员的职责、权利和义务，特别是必须明确规定企业中高层领导在此项工作中的义务与职责，因为企业的中高层领导是实施与开展隐患排查治理工作的重要保障力量。

隐患排查治理机制的各个方面都不是一成不变的，也要随着安全生产管理水平的提高而与时俱进，借助安全生产标准化的自评和评审，职业健康安全管理体系的合规性评价、内部审核与认证审核等外力的作用，实现企业在此方面工作的持续改进。另外，隐患排查治理也为整体安全生产管理提供了持续改进的信息资源，通过对隐患排查治理情况的统计、分析，能够为预测预警输入必要的信息，为管理的改进提供方向性的资料。

2. 企业事故隐患治理工作

只有对排查所发现的各种隐患进行治理，才能真正解决企业生产经营过程中的问题，降低风险，提高安全生产管理水平。

（1）一般隐患治理

1）一般隐患分级。一般隐患是指危害和整改难度较小，发现后能够立即整改排除的隐患。为了更好地、有针对性地治理在企业生产和管理工作中存在的一般隐患，要对一般隐患进行进一步细化分级。事故隐患的分级是以隐患的整改、治理和排除的难度及其影响范围为标准的。根据这个分级标准，在企业中通常将隐患分为班组级、车间级、分厂级直至厂（公司）级，其含义是在相应级别的组织（单位）中能够整改、治理和排除。其中的厂（公司）级隐患中的某些隐患，如果属于应当全部或者局部停产停业，并经过一定时间整改治理方能排除的隐患，或者因外部因素影响致使企业自身难以排除的隐患，则应当列为重大事故隐患。

2）现场立即整改。有些隐患如明显违反操作规程和劳动纪律的行为，属于人的不安全行为的一般隐患，排查人员一旦发现，应当要求立即整改，并如实记录，以备对此类行为统计分析，确定是否为习惯性或群体性隐患。有些设备设施方面的简单的不安全状态，如安全装置没有启用、现场混乱等物的不安全状态等一般隐患，也可以要求现场立即整改。

3）限期整改。有些隐患难以做到立即整改，但也属于一般隐患，则应限期整改。限期整改通常由排查人员或排查主管部门对隐患所属单位发出“隐患整改通知”，内容中需要明确列出隐患的排查发现时间和地点、隐患情况的详细描述、隐患发生原因的分析、隐患整改责任的认定、隐患整改负责人、隐患整改的方法和要求、隐患整改完毕的时间要求等。限期整改需要全过程监督管理，除了对整改结果进行“闭环”确认外，还要在整改工作实施期间进行监督，以发现和解决可能临时出现的问题，防止拖延。

（2）重大隐患治理。针对重大隐患，需要“量身定做”制定专门的治理方案。由于重大隐患治理的复杂性和较长的周期性，在完成治理前要有临时性的措施和应急预案，治理完成后还要有书面申请以及接受审查等工作。

1）制定重大事故隐患治理方案。重大事故隐患由生产经营单位主要负责人组织制定并实施治理方案。重大事故隐患治理方案应当包括以下内容：①治理的目标和任务；

②采取的方法和措施；③经费和物资的落实；④负责治理的机构和人员；⑤治理的时限和要求；⑥安全措施和应急预案。根据相关规定，企业在制定重大事故隐患治理方案时，还必须考虑安全监管监察部门或其他有关部门所下达的“整改指令书”和政府挂牌督办的有关要求，要将这些要求体现在治理方案里。

2）重大事故隐患治理过程中的安全防范措施。生产经营单位在事故隐患治理过程中，应当采取相应的安全防范措施，防止事故发生。事故隐患排除前或者排除过程中无法保证安全的，应当从危险区域内撤出作业人员，并疏散可能危及的其他人员，设置警戒标志，暂时停产停业或者停止使用；对暂时难以停产或者停止使用的相关生产储存装置、设施、设备，应当加强维护和保养，防止事故发生。

3）重大事故隐患的治理过程。企业在重大事故隐患治理过程中，还要随时接受和配合安全监管部门的重点监督检查。如果企业的重大事故隐患属于重点行业领域的安全专项整治的范围，就更应落实相应的整改、治理的主体责任。

4）重大事故隐患治理情况评估。地方人民政府或者安全监管监察部门及有关部门挂牌督办，并责令全部或者局部停产停业治理的重大事故隐患，治理工作结束后，有条件的生产经营单位，应当组织本单位的技术人员和专家对重大事故隐患的治理情况进行评估；其他生产经营单位应当委托具备相应资质的安全评价机构对重大事故隐患的治理情况进行评估。这种评估主要针对治理效果确认其措施的合理性和有效性，确认对隐患及其可能导致的事故的预防效果。评估需要有一定条件和资质的技术人员和专家或有相应资质的安全评价机构实施，以保证评估本身的权威性和有效性。

5）重大事故隐患治理后的工作。重大事故隐患治理后并经过评估，符合安全生产条件的，生产经营单位应当向安全监管监察部门和有关部门提出恢复生产的书面申请，经安全监管监察部门和有关部门审查同意后，方可恢复生产经营。申请报告应当包括治理方案的内容、项目和安全评价机构出具的评价报告等。对挂牌督办并采取全部或者局部停产停业治理的重大事故隐患，安全监管监察部门收到生产经营单位恢复生产的申请报告后，应当在10日内进行现场审查，审查合格的，对事故隐患进行核销，同意恢复生产经营；审查不合格的，依法责令改正或者下达停产整改指令。对整改无望或者生产经营单位拒不执行整改指令的，依法实施行政处罚，不具备安全生产条件的，依法提请县级以上人民政府按照国务院规定的权限予以关闭。

（3）隐患治理措施。隐患治理及其方案的核心都是通过具体的治理措施来实现的，具体措施大体上分为工程技术措施和管理措施，以及对重大隐患需要做的临时性防护和应急措施。

1）治理措施的基本要求。基本要求主要包括：①能消除或减弱生产过程中产生的危险、有害因素；②处置危险和有害物，并降低到国家规定的限值内；③预防生产装置失灵和操作失误产生的危险、有害因素；④能有效预防重大事故和职业危害的发生；⑤发生意外事故时，能为遇险人员提供自救和互救条件。

隐患治理的方式方法是多种多样的，因为企业必须考虑成本投入，需要以最小代价取得最适当（不一定是最好）的结果。有时候隐患治理很难彻底消除隐患，这就必须在遵守法律法规和标准规范的前提下，将其风险降低到企业可以接受的程度。

2）工程技术措施。工程技术措施的实施等级顺序是：直接安全技术措施、间接安全技术措施、指示性安全技术措施等。根据等级顺序的要求，遵循的具体原则是：应按消除、预防、减弱、隔离、连锁、警告的等级顺序选择安全技术措施；应具有针对性、可操作性和经济合理性并符合国家有关法律法规、标准和设计规范的规定。

3）安全生产管理措施。安全生产管理措施往往在隐患治理工作中被忽视，即使有，也是老生常谈式的提高安全生产意识、加强培训教育和加强安全检查等几种。其实管理措施往往能系统性地解决很多普通和长期存在的隐患，这就需要在实施隐患治理时，主动地、有意识地研究分析隐患产生原因中的管理因素，发现和掌握其规律，通过修订有关规章制度和操作规程并贯彻执行来从根本上解决问题。

（4）闭环管理。闭环管理是现代安全生产管理中的基本要求，对任何一个过程的管理最终都要通过“闭环”才能结束。隐患治理工作的收尾工作也是“闭环”管理，要求治理措施完成后，企业主管部门和人员对其结果进行验证和效果评估。验证就是检查措施的实现情况，即措施是否按方案和计划的要求落实了；效果评估则是评估完成的措施是否起到了隐患治理和整改的作用，是彻底解决了问题还是部分的、达到某种可接受程度的解决，是否真正做到了预防为主。当然不可忽略的还有隐患的治理措施是否会带来或产生新的风险。

3. 企业事故隐患自报

企业将隐患排查治理的结果自行上报给政府主管部门，将政府部门的监管与企业生产实际联系在一起，是隐患排查治理体系的重要环节，必须给予足够的重视。

（1）自报的内容。企业开展隐患排查治理工作，包含了很多内容，有机制的、管理的、技术的、记录的、设备设施的等，自报并不是要求企业将这些内容都上报，而是要按规定的内容、方式、时限等要求进行上报。

（2）自报的方式。虽然隐患排查治理信息系统中对隐患自报的信息管理做了说明，但企业的类型、规模和管理模式等方面千差万别，所以其所采用的自报方式也不尽相同。

（3）自报的程序。无论企业规模大小还是行业不同或者管理方式有异，其隐患自报的程序大体上都是相同的，主要有以下几个步骤：

1）统计。将隐患排查中所发现的隐患进行汇总、统计和整理，得到隐患清单，形成隐患整改通知，并将这些集合为一套完整的材料。

2）对接分类。按隐患排查治理标准的格式，将企业的隐患材料按其顺序分门别类地对接入位，每个隐患都给予适当的标识。

3）审查批准。根据管理层级和权限，由有关领导对隐患上报的内容进行审阅，批准后方能上报。

4）上报。根据企业实际，采取相应的上报方式，按政府及其行政主管部门规定的时间和形式进行上报。

（4）基于信息系统自报。有条件的企业，要将自己的信息管理系统与政府隐患信息管理系统进行对接，定期接通上报网络，按信息管理系统的提示和要求进行填报。大型集团型企业需要在集团内部层层上报下属单位的隐患情况，格式与隐患排查治理标准的格式相同，进行汇总整理后，将整体情况以总结的方式向有关主管部门上报，其下属单位的隐患上报仍按属地监管原则向有关政府部门报送。

（5）小微企业自报。很多小型和微型企业不具备基于信息管理系统上报的条件，可以采用书面上报的形式。因为这些企业存在的隐患数量比较少，风险较低，因此书面上报也是可以接受的。

六、重大生产安全事故隐患判定标准

1. 化工和危险化学品生产经营单位重大生产安全事故隐患判定标准

依据有关法律法规、部门规章和国家标准，以下情形应当判定为重大事故隐患：

（1）危险化学品生产、经营单位主要负责人和安全生产管理人员未依法经考核合格。

（2）特种作业人员未持证上岗。

（3）涉及“两重点一重大”（指政府安全监管部门重点监管的危险化工工艺、重点监管的危险化学品和重大危险源的监管）的生产装置、储存设施外部安全防护距离不符合国家标准要求。

（4）涉及重点监管危险化工工艺的装置未实现自动化控制，系统未实现紧急停车功能，装备的自动化控制系统、紧急停车系统未投入使用。

（5）构成一级、二级重大危险源的危险化学品罐区未实现紧急切断功能；涉及毒性气体、液化气体、剧毒液体的一级、二级重大危险源的危险化学品罐区未配备独立的安全仪表系统。

（6）全压力式液化烃储罐未按国家标准设置注水措施。

（7）液化烃、液氨、液氯等易燃易爆、有毒有害液化气体的充装未使用万向管道充装系统。

（8）光气、氯气等剧毒气体及硫化氢气体管道穿越除厂区（包括化工园区、工业园区）外的公共区域。

（9）地区架空电力线路穿越生产区且不符合国家标准要求。

（10）在役化工装置未经正规设计且未进行安全设计诊断。

（11）使用淘汰落后安全技术工艺、设备目录列出的工艺、设备。

（12）涉及可燃和有毒有害气体泄漏的场所未按国家标准设置检测报警装置，爆炸危险场所未按国家标准安装使用防爆电气设备。

（13）控制室或机柜间面向具有火灾、爆炸危险性装置一侧不满足国家标准关于防火防爆的要求。

（14）化工生产装置未按国家标准要求设置双重电源供电，自动化控制系统未设置不间断电源。

（15）安全阀、爆破片等安全附件未正常投用。

（16）未建立与岗位相匹配的全员安全生产责任制或者未制定实施生产安全事故隐患排查治理制度。

（17）未制定操作规程和工艺控制指标。

（18）未按照国家标准制定动火、进入受限空间等特殊作业管理制度，或者制度未有效执行。

（19）新开发的危险化学品生产工艺未经小试、中试、工业化试验直接进行工业化生产；国内首次使用的化工工艺未经过省级人民政府有关部门组织的安全可靠性论证；新建装置未制定试生产方案投料开车；精细化工企业未按规范性文件要求开展反应安全风险评估。

（20）未按国家标准分区分类储存危险化学品，超量、超品种储存危险化学品，相互禁配物质混放混存。

2. 烟花爆竹生产经营单位重大生产安全事故隐患判定标准

依据有关法律法规、部门规章和国家标准，以下情形应当判定为重大事故隐患：

（1）主要负责人、安全生产管理人员未依法经考核合格。

（2）特种作业人员未持证上岗，作业人员带药检维修设备设施。

（3）职工自行携带工器具、机器设备进厂进行涉药作业。

（4）工（库）房实际作业人员数量超过核定人数。

（5）工（库）房实际滞留、存储药量超过核定药量。

（6）工（库）房内、外部安全距离不足，防护屏障缺失或者不符合要求。

（7）防静电、防火、防雷设备设施缺失或者失效。

（8）擅自改变工（库）房用途或者违规私搭乱建。

（9）工厂围墙缺失或者分区设置不符合国家标准。

（10）将氧化剂、还原剂同库储存、违规预混或者在同一工房内粉碎、称量。

（11）在用涉药机械设备未经安全性论证或者擅自更改、改变用途。

（12）中转库、药物总库和成品总库的存储能力与设计产能不匹配。

（13）未建立与岗位相匹配的全员安全生产责任制或者未制定实施生产安全事故隐患排查治理制度。

（14）出租、出借、转让、买卖、冒用或者伪造许可证。

（15）生产经营的产品种类、危险等级超许可范围或者生产使用违禁药物。

（16）分包转包生产线、工房、库房组织生产经营。

（17）一证多厂或者多股东各自独立组织生产经营。

（18）许可证过期、整顿改造、恶劣天气等停产停业期间组织生产经营。

（19）烟花爆竹仓库存放其他爆炸物等危险物品或者生产经营违禁超标产品。

（20）零售点与居民居住场所设置在同一建筑物内或者在零售场所使用明火。

3. 煤矿重大生产安全事故隐患判定标准

（1）根据《煤矿重大生产安全事故隐患判定标准》（国家安全生产监督管理总局令第85号），煤矿重大事故隐患包括以下15个方面：

1）超能力、超强度或者超定员组织生产。

2）瓦斯超限作业。

3）煤与瓦斯突出矿井，未依照规定实施防突出措施。

4）高瓦斯矿井未建立瓦斯抽采系统和监控系统，或者不能正常运行。

5）通风系统不完善、不可靠。

6）有严重水患，未采取有效措施。

7）超层越界开采。

8）有冲击地压危险，未采取有效措施。

9）自然发火严重，未采取有效措施。

10）使用明令禁止使用或者淘汰的设备、工艺。

11）煤矿没有双回路供电系统。

12）新建煤矿边建设边生产，煤矿改扩建期间，在改扩建的区域生产，或者在其他区域的生产超出安全设计规定的范围和规模。

13）煤矿实行整体承包生产经营后，未重新取得或者及时变更安全生产许可证而从事生产，或者承包方再次转包，以及将井下采掘工作面和井巷维修作业进行劳务承包。

14）煤矿改制期间，未明确安全生产责任人和安全管理机构，或者在完成改制后，未重新取得或者变更采矿许可证、安全生产许可证和营业执照。

15）其他重大事故隐患。

（2）“超能力、超强度或者超定员组织生产”重大事故隐患，是指有下列情形之一的：

1）矿井全年原煤产量超过矿井核定（设计）生产能力110%的，或者矿井月产量超过矿井核定（设计）生产能力10%的。

2）矿井开拓、准备、回采煤量可采期小于有关标准规定的最短时间组织生产、造成接续紧张的，或者采用“剃头下山”开采的。

3）采掘工作面瓦斯抽采不达标组织生产的。

4）煤矿未制定或者未严格执行井下劳动定员制度的。

（3）“瓦斯超限作业”重大事故隐患，是指有下列情形之一的：

1）瓦斯检查存在漏检、假检的。

2）井下瓦斯超限后不采取措施继续作业的。

（4）“煤与瓦斯突出矿井，未依照规定实施防突出措施”重大事故隐患，是指有下列情形之一的：

1）未建立防治突出机构并配备相应专业人员的。

2）未装备矿井安全监控系统和地面永久瓦斯抽采系统或者系统不能正常运行的。

3）未进行区域或者工作面突出危险性预测的。

4）未按规定采取防治突出措施的。

5）未进行防治突出措施效果检验或者防突措施效果检验不达标仍然组织生产建设的。

6）未采取安全防护措施的。

7）使用架线式电机车的。

（5）“高瓦斯矿井未建立瓦斯抽采系统和监控系统，或者不能正常运行”重大事故隐患，是指有下列情形之一的：

1）按照《煤矿安全规程》规定应当建立而未建立瓦斯抽采系统的。

2）未按规定安设、调校甲烷传感器，人为造成甲烷传感器失效的，瓦斯超限后不能断电或者断电范围不符合规定的。

3）安全监控系统出现故障没有及时采取措施予以恢复的，或者对系统记录的瓦斯超限数据进行修改、删除、屏蔽的。

（6）“通风系统不完善、不可靠”重大事故隐患，是指有下列情形之一的：

1）矿井总风量不足的。

2）没有备用主要通风机或者两台主要通风机工作能力不匹配的。

3）违反规定串联通风的。

4）没有按设计形成通风系统的，或者生产水平和采区未实现分区通风的。

5）高瓦斯、煤与瓦斯突出矿井的任一采区，开采容易自燃煤层、低瓦斯矿井开采煤层群和分层开采采用联合布置的采区，未设置专用回风巷的，或者突出煤层工作面没有独立的回风系统的。

6）采掘工作面等主要用风地点风量不足的。

7）采区进（回）风巷未贯穿整个采区，或者虽贯穿整个采区但一段进风、一段回风的。

8）煤巷、半煤岩巷和有瓦斯涌出的岩巷的掘进工作面未装备甲烷电、风电闭锁装置或者不能正常使用的。

9）高瓦斯、煤与瓦斯突出建设矿井局部通风不能实现双风机、双电源且自动切换的。

10）高瓦斯、煤与瓦斯突出建设矿井进入二期工程前，其他建设矿井进入三期工程前，没有形成地面主要通风机供风的全风压通风系统的。

（7）“有严重水患，未采取有效措施”重大事故隐患，是指有下列情形之一的：

1）未查明矿井水文地质条件和井田范围内采空区、废弃老窑积水等情况而组织生产建设的。

2）水文地质类型复杂、极复杂的矿井没有设立专门的防治水机构和配备专门的探放水作业队伍、配齐专用探放水设备的。

3）在突水威胁区域进行采掘作业未按规定进行探放水的。

4）未按规定留设或者擅自开采各种防隔水煤柱的。

5）有透水征兆未撤出井下作业人员的。

6）受地表水倒灌威胁的矿井在强降雨天气或其来水上游发生洪水期间未实施停产撤人的。

7）建设矿井进入三期工程前，没有按设计建成永久排水系统的。

（8）“超层越界开采”重大事故隐患，是指有下列情形之一的：

1）超出《采矿许可证》规定开采煤层层位或者标高而进行开采的。

2）超出《采矿许可证》载明的坐标控制范围而开采的。

3）擅自开采保安煤柱的。

（9）“有冲击地压危险，未采取有效措施”重大事故隐患，是指有下列情形之一的：

1）首次发生过冲击地压动力现象，半年内没有完成冲击地压危险性鉴定的。

2）有冲击地压危险的矿井未配备专业人员并编制专门设计的。

3）未进行冲击地压预测预报，或者采取的防治措施没有消除冲击地压危险仍组织生产建设的。

（10）“自然发火严重，未采取有效措施”重大事故隐患，是指有下列情形之一的：

1）开采容易自燃的煤层时，未编制防止自然发火设计或者未按设计组织生产建设的。

2）高瓦斯矿井采用放顶煤采煤法不能有效防治煤层自然发火的。

3）有自然发火征兆没有采取相应的安全防范措施并继续生产建设的。

（11）“使用明令禁止使用或者淘汰的设备、工艺”重大事故隐患，是指有下列情形之一的：

1）使用被列入国家应予淘汰的煤矿机电设备和工艺目录的产品或者工艺的。

2）井下电气设备未取得煤矿矿用产品安全标志，或者防爆等级与矿井瓦斯等级不符的。

3）未按矿井瓦斯等级选用相应的煤矿许用炸药和雷管、未使用专用发爆器的，或者裸露放炮的。

4）采煤工作面不能保证两个畅通的安全出口的。

5）高瓦斯矿井、煤与瓦斯突出矿井、开采容易自燃和自燃煤层（薄煤层除外）矿井，采煤工作面采用前进式采煤方法的。

（12）“煤矿没有双回路供电系统”重大事故隐患，是指有下列情形之一的：

1）单回路供电的。

2）有两个回路但取自一个区域变电所同一母线端的。

3）进入二期工程的高瓦斯、煤与瓦斯突出及水害严重的建设矿井，进入三期工程的其他建设矿井，没有形成双回路供电的。

（13）“新建煤矿边建设边生产，煤矿改扩建期间，在改扩建的区域生产，或者在其他区域的生产超出安全设计规定的范围和规模”重大事故隐患，是指有下列情形之一的：

1）建设项目安全设施设计未经审查批准，或者批准后做出重大变更后未经再次审批擅自组织施工的。

2）改扩建矿井在改扩建区域生产的。

3）改扩建矿井在非改扩建区域超出设计规定范围和规模生产的。

（14）“煤矿实行整体承包生产经营后，未重新取得或者及时变更安全生产许可证从事生产的，或者承包方再次转包，以及将井下采掘工作面和井巷维修作业进行劳务承包”重大事故隐患，是指有下列情形之一的：

1）生产经营单位将煤矿承包或者托管给没有合法有效煤矿生产建设证照的单位或者个人的。

2）煤矿实行承包（托管）但未签订安全生产管理协议，或者未约定双方安全生产管理职责合同而进行生产的。

3）承包方（承托方）未按规定变更安全生产许可证进行生产的。

4）承包方（承托方）再次将煤矿承包（托管）给其他单位或者个人的。

5）煤矿将井下采掘工作面或者井巷维修作业作为独立工程承包（托管）给其他企业或者个人的。

（15）“煤矿改制期间，未明确安全生产责任人和安全管理机构，或者在完成改制后，未重新取得或者变更采矿许可证、安全生产许可证和营业执照”重大事故隐患，是指有下列情形之一的：

1）改制期间，未明确安全生产责任人而进行生产建设的。

2）改制期间，未健全安全生产管理机构和配备安全管理人员进行生产建设的。

3）完成改制后，未重新取得或者变更采矿许可证、安全生产许可证、营业执照而进行生产建设的。

（16）“其他重大事故隐患”，是指有下列情形之一的：

1）没有分别配备矿长、总工程师和分管安全、生产、机电的副矿长，以及负责采煤、掘进、机电运输、通风、地质测量工作的专业技术人员的。

2）未按规定足额提取和使用安全生产费用的。

3）出现瓦斯动力现象，或者相邻矿井开采的同一煤层发生了突出，或者煤层瓦斯压力达到或者超过 0.74 MPa 的非突出矿井，未立即按照突出煤层管理并在规定时限内进行突出危险性鉴定的（直接认定为突出矿井的除外）。

4）图纸作假、隐瞒采掘工作面的。

4. 金属非金属矿山重大生产安全事故隐患判定标准

（1）金属非金属地下矿山重大生产安全事故隐患

1）安全出口不符合国家标准、行业标准或设计要求。

2）使用国家明令禁止使用的设备、材料和工艺。

3）相邻矿山的井巷相互贯通。

4）没有及时填绘图，现状图与实际严重不符。

5）露天转地下开采，地表与井下形成贯通，未按照设计要求采取相应措施。

6）地表水系穿过矿区，未按照设计要求采取防治水措施。

7）排水系统与设计要求不符，导致排水能力降低。

8）井口标高在当地历史最高洪水位 1 m 以下，未采取相应防护措施。

9）水文地质类型为中等及复杂的矿井没有设立专门防治水机构、配备探放水作业队伍或配齐专用探放水设备。

10）水文地质类型复杂的矿山关键巷道防水门设置与设计要求不符。

11）有自然发火危险的矿山，未按照国家标准、行业标准或设计采取防火措施。

12）在突水威胁区域或可疑区域进行采掘作业，未进行探放水。

13）受地表水倒灌威胁的矿井在强降雨天气或其来水上游发生洪水期间，不实施停产撤人。

14）相邻矿山开采错动线重叠，未按照设计要求采取相应措施。

15）开采错动线以内存在居民村庄，或存在重要设备设施时未按照设计要求采取相应措施。

16）擅自开采各种保安矿柱或其形式及参数劣于设计值。

17）未按照设计要求对生产形成的采空区进行处理。

18）具有严重地压条件，未采取预防地压灾害措施。

19）巷道或者采场顶板未按照设计要求采取支护措施。

20）矿井未按照设计要求建立机械通风系统，或风速、风量、风质不符合国家标准或行业标准的要求。

21）未配齐具有矿用产品安全标志的便携式气体检测报警仪和自救器。

22）提升系统的防坠器、阻车器等安全保护装置或信号闭锁措施失效；未定期试验或检测检验。

23）一级负荷没有采用双回路或双电源供电，或单一电源不能满足全部一级负荷需要。

24）地面向井下供电的变压器或井下使用的普通变压器采用中性接地。

（2）金属非金属露天矿山重大生产安全事故隐患

1）地下转露天开采，未探明采空区或未对采空区实施专项安全技术措施。

2）使用国家明令禁止使用的设备、材料和工艺。

3）未采用自上而下、分台阶或分层的方式进行开采。

4）工作帮坡角大于设计工作帮坡角，或台阶（分层）高度超过设计高度。

5）擅自开采或破坏设计规定保留的矿柱、岩柱和挂帮矿体。

6）未按国家标准或行业标准对采场边坡、排土场稳定性进行评估。

7）高度 200 m 及以上的边坡或排土场未进行在线监测。

8）边坡存在滑移现象。

9）上山道路坡度大于设计坡度 10%以上。

10）封闭圈深度 30 m 及以上的凹陷露天矿山，未按照设计要求建设防洪、排洪设施。

11）雷雨天气实施爆破作业。

12）危险级排土场。

（3）尾矿库重大生产安全事故隐患

1）库区和尾矿坝上存在未按批准的设计方案进行开采、挖掘、爆破等活动。

2）坝体出现贯穿性横向裂缝，且出现较大范围管涌、流土变形，坝体出现深层滑动迹象。

3）坝外坡坡比陡于设计坡比。

4）坝体超过设计坝高，或超设计库容储存尾矿。

5）尾矿堆积坝上升速率大于设计堆积上升速率。

6）未按法规、国家标准或行业标准对坝体稳定性进行评估。

7）浸润线埋深小于控制浸润线埋深。

8）安全超高和干滩长度小于设计规定。

9）排洪系统构筑物严重堵塞或坍塌，导致排水能力急剧下降。

10）设计以外的尾矿、废料或者废水进库。

11）多种矿石性质不同的尾砂混合排放时，未按设计要求进行排放。

12）冬季未按照设计要求采用冰下放矿作业。

5. 工贸行业重大生产安全事故隐患判定标准

依据标准，工贸行业重大事故隐患分为专项类重大事故隐患和行业类重大事故隐患，专项类重大事故隐患适用于所有相关的工贸行业，行业类重大事故隐患仅适用于对应的行业。

（1）专项类重大事故隐患

1）存在粉尘爆炸危险的行业领域：

①粉尘爆炸危险场所设置在非框架结构的多层建构筑物内，或与居民区、员工宿舍、会议室等人员密集场所安全距离不足。

②可燃性粉尘与可燃气体等易加剧爆炸危险的介质共用一套除尘系统，不同防火分区的除尘系统互联互通。

③干式除尘系统未规范采用泄爆、隔爆、惰化、抑爆等任一种控爆措施。

④除尘系统采用正压吹送粉尘，且未采取可靠的防范点燃源的措施。

⑤除尘系统采用粉尘沉降室除尘，或者采用干式巷道式构筑物作为除尘风道。

⑥铝、镁等金属粉尘及木质粉尘的干式除尘系统未规范设置锁气卸灰装置。

⑦粉尘爆炸危险场所的 20 区未使用防爆电气设备设施。

⑧在粉碎、研磨、造粒等易于产生机械点火源的工艺设备前，未按规范设置去除铁、石等异物的装置。

⑨木制品加工企业，与砂光机连接的风管未规范设置火花探测报警装置。

⑩未制定粉尘清扫制度，作业现场积尘未及时规范清理。

2）使用液氨制冷的行业领域：

①包装间、分割间、产品整理间等人员较多生产场所的空调系统采用氨直接蒸发制冷系统。

②快速冻结装置未设置在单独的作业间内，且作业间内作业人员数量超过 9 人。

3）有限空间作业相关的行业领域：

①未对有限空间作业场所进行辨识，并设置明显安全警示标志。

②未落实作业审批制度，擅自进入有限空间作业。

（2）行业类重大事故隐患

1）冶金行业：

①会议室、活动室、休息室、更衣室等场所设置在铁水、钢水与液渣吊运影响的范围内。

②吊运铁水、钢水与液渣起重机不符合冶金起重机的相关要求；炼钢厂在吊运重

罐铁水、钢水或液渣时，未使用固定式龙门钩的铸造起重机，龙门钩横梁、耳轴销和吊钩、钢丝绳及其端头固定零件，未进行定期检查，发现问题未及时整改。

③盛装铁水、钢水与液渣的罐（包、盆）等容器耳轴未按国家标准规定要求定期进行探伤检测。

④冶炼、熔炼、精炼生产区域的安全坑内及熔体泄漏、喷溅影响范围内存在积水，放置有易燃易爆物品。金属铸造、连铸、浇铸流程未设置铁水罐、钢水罐、溢流槽、中间溢流罐等高温熔融金属紧急排放和应急储存设施。

⑤炉、窑、槽、罐类设备本体及附属设施未定期检查，出现严重焊缝开裂、腐蚀、破损、衬砖损坏、壳体发红及明显弯曲变形等未报修或报废，仍继续使用。

⑥氧枪等水冷元件未配置出水温度与进出水流量差检测、报警装置及温度监测，未与炉体倾动、氧气开闭等联锁。

⑦煤气柜建设在居民稠密区，未远离大型建筑、仓库、通信和交通枢纽等重要设施；附属设备设施未按防火防爆要求配置防爆型设备；柜顶未设置防雷装置。

⑧煤气区域的值班室、操作室等人员较集中的地方，未设置固定式一氧化碳监测报警装置。

⑨高炉、转炉、加热炉、煤气柜、除尘器等设施的煤气管道未设置可靠隔离装置和吹扫设施。

⑩煤气分配主管上支管引接处，未设置可靠的切断装置；车间内各类燃气管线，在车间入口未设置总管切断阀。

⑪金属冶炼企业主要负责人和安全生产管理人员未依法经考核合格。

2）有色行业：

①吊运铜水等熔融有色金属及渣的起重机不符合冶金起重机的相关要求；横梁、耳轴销和吊钩、钢丝绳及其端头固定零件，未进行定期检查，发现问题未及时处理。

②会议室、活动室、休息室、更衣室等场所设置在铜水等熔融有色金属及渣的吊运影响范围内。

③盛装铜水等熔融有色金属及渣的罐（包、盆）等容器耳轴未定期进行检测。

④铜水等高温熔融有色金属冶炼、精炼、铸造生产区域的安全坑内及熔体泄漏、喷溅影响范围内存在非生产性积水；熔体容易喷溅到的区域，放置有易燃易爆物品。

⑤铜水等熔融有色金属铸造、浇铸流程未设置紧急排放和应急储存设施。

⑥高温工作的熔融有色金属冶炼炉窑、铸造机、加热炉及水冷元件未设置应急冷却水源等冷却应急处置措施。

⑦冶炼炉窑的水冷元件未配置温度、进出水流量差检测及报警装置；未设置防止冷却水大量进入炉内的安全设施（如快速切断阀等）。

⑧炉、窑、槽、罐类设备本体及附属设施未定期检查，出现严重焊缝开裂、腐蚀、破损、衬砖损坏、壳体发红及明显弯曲变形等未报修或报废，仍继续使用。

⑨使用煤气（天然气）的烧嘴等燃烧装置，未设置防突然熄火或点火失败的快速切断阀，以切断煤气（天然气）。

⑩金属冶炼企业主要负责人和安全生产管理人员未依法经考核合格。

3）建材行业：

①水泥工厂煤磨袋式收尘器（或煤粉仓）未设置温度和一氧化碳监测，或未设置气体灭火装置。

②水泥工厂筒型储存库人工清库作业外包给不具备高空作业工程专业承包资质的承包方且作业前未进行风险分析。

③燃气窑炉未设置燃气低压警报器和快速切断阀，或易燃易爆气体聚集区域未设置监测报警装置。

④纤维制品三相电弧炉、电熔制品电炉，水冷构件泄漏。

⑤进入筒型储库、磨机、破碎机、篦冷机、各种焙烧窑等有限空间作业时，未采取有效的防止电气设备意外启动、热气涌入等隔离防护措施。

⑥玻璃窑炉、玻璃锡槽，水冷、风冷保护系统存在漏水、漏气，未设置监测报警装置。

4）机械行业：

①会议室、活动室、休息室、更衣室等场所设置在熔炼炉、熔融金属吊运和浇注影响范围内。

②吊运熔融金属的起重机不符合冶金铸造起重机技术条件，或驱动装置中未设置两套制动器。吊运浇注包的龙门钩横梁、耳轴销和吊钩等零件，未进行定期探伤检查。

③铸造熔炼炉炉底、炉坑及浇注坑等作业坑存在潮湿、积水状况，或存放易燃易爆物品。

④铸造熔炼炉冷却水系统未配置温度、进出水流量检测报警装置，没有设置防止

冷却水进入炉内的安全设施。

⑤天然气（煤气）加热炉燃烧器操作部位未设置可燃气体泄漏报警装置，或燃烧系统未设置防突然熄火或点火失败的安全装置。

⑥使用易燃易爆稀释剂（如天拿水）清洗设备设施，未采取有效措施及时清除集聚在地沟、地坑等有限空间内的可燃气体。

⑦涂装调漆间和喷漆室未规范设置可燃气体报警装置和防爆电气设备设施。

5）轻工行业：

①食品制造企业涉及烘制、油炸等设施设备，未采取防过热自动报警切断装置和隔热防护措施。

②白酒储存、勾兑场所未规范设置乙醇浓度检测报警装置。

③纸浆制造、造纸企业使用水蒸气或明火直接加热钢瓶汽化液氯。

④日用玻璃、陶瓷制造企业燃气窑炉未设燃气低压警报器和快速切断阀，或易燃易爆气体聚集区域未设置监测报警装置。

⑤日用玻璃制造企业炉、窑类设备本体及附属设施出现开裂、腐蚀、破损、衬砖损坏、壳体发红及明显弯曲变形。

⑥喷涂车间、调漆间未规范设置通风装置和防爆电气设备设施。

6）纺织行业：

①纱、线、织物加工的烧毛、开幅、烘干等热定型工艺的汽化室、燃气储罐、储油罐、热媒炉等未与生产加工、人员密集场所明确分开或单独设置。

②保险粉、过氧化氢、亚氯酸钠、雕白粉（吊白块）等危险品与禁忌物料混合储存的；保险粉露天堆放，或储存场所未采取防水、防潮等措施。

7）烟草行业：

①熏蒸杀虫作业前，未确认无关人员全部撤离仓库，作业人员未配置防毒面具。

②使用液态二氧化碳制造膨胀烟丝的生产线和场所，未设置二氧化碳浓度报警仪、燃气浓度报警仪、紧急联动排风装置。

8）商贸行业：

在房式仓、筒仓及简易仓囤进行粮食进出仓作业时，未按照作业标准步骤或未采取有效防护措施作业。

七、《重大火灾隐患判定方法》（GB 35181—2017）相关要点

重大火灾隐患是指违反消防法律法规、不符合消防技术标准，可能导致火灾发生或火灾危害增大，并由此可能造成重大、特别重大火灾事故或严重社会影响的各类潜在不安全因素。及时发现和消除重大火灾隐患，对于预防和减少火灾发生、保障社会经济发展和人民群众生命财产安全、维护社会稳定具有重要意义。

1. 重大火灾隐患判定原则和程序

（1）重大火灾隐患判定应坚持科学严谨、实事求是、客观公正的原则。

（2）重大火灾隐患判定适用下列程序：

1）现场检查。组织进行现场检查，核实火灾隐患的具体情况，并获取相关影像和文字资料。

2）集体讨论。组织对火灾隐患进行集体讨论，做出结论性判定意见，参与人数不应少于 3 人。

3）专家技术论证。对于涉及复杂疑难的技术问题，按照本标准判定重大火灾隐患有困难的，应组织专家成立专家组进行技术论证，形成结论性判定意见。结论性判定意见应有三分之二以上的专家同意。

（3）技术论证专家组应由当地政府有关行业主管部门、监督管理部门和相关消防技术专家组成，人数不应少于 7 人。

（4）集体讨论或技术论证时，可以听取业主和管理、使用单位等利害关系人的意见。

2. 重大火灾隐患判定方法

（1）一般要求

1）重大火灾隐患判定应按照判定原则和程序实施，并根据实际情况选择直接判定方法或综合判定方法。

2）直接判定要素和综合判定要素均应为不能立即改正的火灾隐患要素。

3）下列情形不应判定为重大火灾隐患：

①依法进行了消防设计专家评审，并已采取相应技术措施的。

②单位、场所已停产停业或停止使用的。

③不足以导致重大、特别重大火灾事故或严重社会影响的。

(2) 直接判定要素

1) 生产、储存和装卸易燃易爆危险品的工厂、仓库和专用车站、码头、储罐区，未设置在城市的边缘或相对独立的安全地带。

2) 生产、储存、经营易燃易爆危险品的场所与人员密集场所、居住场所设置在同一建筑物内，或与人员密集场所、居住场所的防火间距小于国家工程建设消防技术标准规定值的75%。

3) 城市建成区内的加油站、天然气或液化石油气加气站、加油加气合建站的储量达到或超过《汽车加油加气站设计与施工规范》(GB 50156—2012) 对一级站的规定。

4) 甲、乙类生产场所和仓库设置在建筑的地下室或半地下室。

5) 公共娱乐场所、商店、地下人员密集场所的安全出口数量不足或其总净宽度小于国家工程建设消防技术标准规定值的80%。

6) 旅馆、公共娱乐场所、商店、地下人员密集场所未按国家工程建设消防技术标准的规定设置自动喷水灭火系统或火灾自动报警系统。

7) 易燃可燃液体、可燃气体储罐(区) 未按国家工程建设消防技术标准的规定设置固定灭火、冷却、可燃气体浓度报警、火灾报警设施。

8) 在人员密集场所违反消防安全规定使用、储存或销售易燃易爆危险品。

9) 托儿所、幼儿园的儿童用房以及老年人活动场所，所在楼层位置不符合国家工程建设消防技术标准的规定。

10) 人员密集场所的居住场所采用彩钢夹芯板搭建，且彩钢夹芯板芯材的燃烧性能等级低于《建筑材料及制品燃烧性能分级》(GB 8624—2012) 规定的A级。

(3) 综合判定要素

1) 总平面布置：

①未按国家工程建设消防技术标准的规定或城市消防规划的要求设置消防车道或消防车道被堵塞、占用。

②建筑之间的既有防火间距被占用或小于国家工程建设消防技术标准的规定值的80%，明火和散发火花地点与易燃易爆生产厂房、装置设备之间的防火间距小于国家工程建设消防技术标准的规定值。

③在厂房、库房、商场中设置员工宿舍，或是在居住等民用建筑中从事生产、储存、经营等活动，且不符合《住宿与生产储存经营合用场所消防安全技术要求》(GA

703—2007）的规定。

④地下车站的站厅乘客疏散区、站台及疏散通道内设置商业经营活动场所。

2）防火分隔：

①原有防火分区被改变并导致实际防火分区的建筑面积大于国家工程建设消防技术标准规定值的50％。

②防火门、防火卷帘等防火分隔设施损坏的数量大于该防火分区相应防火分隔设施总数的50％。

③丙、丁、戊类厂房内有火灾或爆炸危险的部位未采取防火分隔等防火防爆技术措施。

3）安全疏散设施及灭火救援条件：

①建筑内的避难走道、避难间、避难层的设置不符合国家工程建设消防技术标准的规定，或避难走道、避难间、避难层被占用。

②人员密集场所内疏散楼梯间的设置形式不符合国家工程建设消防技术标准的规定。

③除上述规定外的其他场所或建筑物的安全出口数量或宽度不符合国家工程建设消防技术标准的规定，或既有安全出口被封堵。

④按国家工程建设消防技术标准的规定，建筑物应设置独立的安全出口或疏散楼梯而未设置。

⑤商店营业厅内的疏散距离大于国家工程建设消防技术标准规定值的125％。

⑥高层建筑和地下建筑未按国家工程建设消防技术标准的规定设置疏散指示标志、应急照明，或所设置设施的损坏率大于标准规定要求设置数量的30％；其他建筑未按国家工程建设消防技术标准的规定设置疏散指示标志、应急照明，或所设置设施的损坏率大于标准规定要求设置数量的50％。

⑦设有人员密集场所的高层建筑的封闭楼梯间或防烟楼梯间的门的损坏率超过其设置总数的20％，其他建筑的封闭楼梯间或防烟楼梯间的门的损坏率大于其设置总数的50％。

⑧人员密集场所内疏散走道、疏散楼梯间、前室的室内装修材料的燃烧性能不符合《建筑内部装修设计防火规范》（GB 50222—2017）的规定。

⑨人员密集场所的疏散走道、楼梯间、疏散门或安全出口设置栅栏、卷帘门。

⑩人员密集场所的外窗被封堵或被广告牌等遮挡。

⑪高层建筑的消防车道、救援场地设置不符合要求或被占用，影响火灾扑救。

⑫消防电梯无法正常运行。

4）消防给水及灭火设施：

①未按国家工程建设消防技术标准的规定设置消防水源、储存泡沫液等灭火剂。

②未按国家工程建设消防技术标准的规定设置室外消防给水系统，或已设置但不符合标准的规定或不能正常使用。

③未按国家工程建设消防技术标准的规定设置室内消火栓系统，或已设置但不符合标准的规定或不能正常使用。

④除旅馆、公共娱乐场所、商店、地下人员密集场所外，其他场所未按国家工程建设消防技术标准的规定设置自动喷水灭火系统。

⑤未按国家工程建设消防技术标准的规定设置除自动喷水灭火系统外的其他固定灭火设施。

⑥已设置的自动喷水灭火系统或其他固定灭火设施不能正常使用或运行。

5）防烟排烟设施。人员密集场所、高层建筑和地下建筑未按国家工程建设消防技术标准的规定设置防烟、排烟设施，或已设置但不能正常使用或运行。

6）消防供电：

①消防用电设备的供电负荷级别不符合国家工程建设消防技术标准的规定。

②消防用电设备未按国家工程建设消防技术标准的规定采用专用的供电回路。

③未按国家工程建设消防技术标准的规定设置消防用电设备末端自动切换装置，或已设置但不符合标准的规定或不能正常自动切换。

7）火灾自动报警系统

①除旅馆、公共娱乐场所、商店、其他地下人员密集场所以外的其他场所未按国家工程建设消防技术标准的规定设置火灾自动报警系统。

②火灾自动报警系统不能正常运行。

③防烟排烟系统、消防水泵以及其他自动消防设施不能正常联动控制。

8）消防安全管理：

①社会单位未按消防法律法规要求设置专职消防队。

②消防控制室操作人员未按《消防控制通用技术要求》（GB 25506—2010）的规

定持证上岗。

9）其他：

①生产、储存场所的建筑耐火等级与其生产、储存物品的火灾危险性类别不相匹配，违反国家工程建设消防技术标准的规定。

②生产、储存、装卸和经营易燃易爆危险品的场所或有粉尘爆炸危险场所未按规定设置防爆电气设备和泄压设施，或防爆电气设备和泄压设施失效。

③违反国家工程建设消防技术标准的规定使用燃油、燃气设备，或燃油、燃气管道敷设和紧急切断装置不符合标准规定。

④违反国家工程建设消防技术标准的规定在可燃材料或可燃构件上直接敷设电气线路或安装电气设备，或采用不符合标准规定的消防配电线缆和其他供配电线缆。

⑤违反国家工程建设消防技术标准的规定在人员密集场所使用易燃、可燃材料装修、装饰。

第二节 企业事故隐患排查与治理体系

一、企业事故隐患排查与治理体系的构成

1. 企业事故隐患排查与治理体系建设内容

（1）建立企业事故隐患排查制度。

（2）建立企业事故隐患整改制度。

（3）建立企业事故隐患报告和举报奖励制度。

（4）建立企业事故隐患监控制度。

（5）建立企业事故隐患档案管理制度。

2. 企业事故隐患排查与治理体系的实施方案

企业事故隐患排查与治理体系是一项系统工程，要依据相关法律法规、标准规范，制定建设和实施方案，成立建设工作小组，建立管理制度，并编制与企业现状相适应的标准，开展全员知识培训。对生产经营过程中存在的人、物、管理等各方面的事故

隐患依据排查与治理标准进行主动排查、整改、验证，并对发现的事故隐患录入排查上报系统，不断促进安全生产管理系统的良性循环。

（1）建立事故隐患排查与治理制度。事故隐患排查与治理需要形成长效管理机制才会有实质成效。企业可结合安全标准化创建，通过深入学习《安全生产事故隐患排查治理暂行规定》《安全生产事故隐患排查治理体系建设实施指南》等法规、标准，严格按照制度的建立要求经制定、评审、修改、发放等流程制定专门的事故隐患排查与治理制度，将事故隐患排查与治理工作相关的内容包含在安全生产责任制中，同时还要在操作规程中有所体现。

事故隐患排查与治理制度的结构和内容尽可能符合实际需要，满足文件形式规定，其主要有以下几个部分：目的、适用范围、规范性引用文件、术语和定义、职责、管理要求、相关文件与记录。制度应主要明确各级领导、各部门和各类人员的相应职责，解决职责空缺、职责不清、职能交叉等问题，形成“分工负责、齐抓共管”的安全监管工作格局；明确事故隐患排查与治理主要工作程序和内容等具体规定；需要形成的记录要求及其格式；建立高层、中层和基层3个层级彼此互动、相对封闭和协同匹配的隐患排查与治理的长效运行机制。

（2）制定实用清晰的隐患排查与治理标准。按照科学性、全面性和系统性的原则，考虑企业自身实际可能存在事故隐患的客观情况，立足企业创建安全生产标准化的实际，组织企业相关人员，分级建立事故隐患排查与治理标准，实现企业安全检查、事故隐患排查与治理的工作依据，并促进事故隐患排查与治理的高效实施。可建立公司、部门、班组三级事故隐患排查与治理标准，依次明确事故隐患的类别和内容，实现事故隐患排查与治理标准的条理化。

（3）组建事故隐患评估小组。事故隐患评估是一项非常细致、烦琐的工作，需要耗费大量的时间和精力。因此，工作组组长最好由安全生产的分管领导担任，为工作的顺利开展提供强有力的人力、财力资源保障。评估小组成员应该由工作热情高、专业素质强的安全生产管理人员和技术人员组成，最好是专职，以便更加专心地投入到工作中。识别和控制生产（工程）系统潜在危险（或称为识别和排除事故隐患），也就是找出生产（工程）系统中潜在的影响大局的局部故障，以及潜在的可导致大事故的“导火索”事故，并制定应急措施和实施控制程序，最好有安全生产专家参与其中。

（4）做到全员参与。事故隐患识别与评估的最终目标是杜绝任何安全事故的发生，要实现这个目标，全员参与是关键。安全生产管理部门的培训、宣传推广小组要深入基层，采用多种形式的培训方式，让所有的职工掌握风险评估的方法，认真分析本岗位的作业活动、设备设施、工作环境存在的不符合项，使之明确自己周围存在的危害和风险，从而达到事前预防的目的。

（5）事故隐患的分类及排查范围。事故隐患属于生产系统存在的具体准事故系统，主要有生产（工程）系统潜在危险和危险工程系统的危险，对此实施岗位、车间和厂部三层级彼此互动、相对封闭和协同匹配的隐患排查，具体分类及排查范围包括火灾、爆炸、中毒和窒息、机械伤害、泄漏、腐蚀、触电、坠落及其他类等。

（6）事故隐患排查与治理的具体要求。企业应认真排查事故隐患，针对事故隐患制定切实可行的治理措施，加大安全投入，加快安全技术改造，淘汰落后生产能力，并明确分工，明确责任，狠抓落实，增强事故防范能力。企业要充分认识事故隐患的严重性、危害性，单位主要领导、安全生产分管领导、安全生产管理人员要充分发动每个班组、每位职工积极排查事故隐患，并及时组织治理，做到自查自改，不断消除事故隐患。

企业对事故隐患的排查应实行确认制，每月由各级下属单位填写事故隐患排查与治理汇总单，将排查出的事故隐患及治理情况汇总上报安全生产管理部门，并由责任下属单位的主要负责人签字确认。

事故隐患的排查与治理按属地原则，对排查出的事故隐患要进行分级，并按照事故隐患的分级确立治理期限和责任人，以及治理措施和验证人。责任人必须对治理的项目负责，因治理不到位而导致发生安全事故的，要追究责任人的责任。

日常检查发现的一般事故隐患，责任单位应以不符合纠正和预防通知单形式下发整改。对排查出的重大、特别重大事故隐患，责任单位要及时上报安全生产管理部门，由安全生产管理部门再上报。

【实例】某企业事故隐患排查治理管理制度

1　目的

为了提高本质安全化水平，减少职业危害，加强事故隐患排查与治理，防止和减少事故，保障人身安全，根据《中华人民共和国安全生产法》《中华人民共和国职业病防治法》《安全生产事故隐患排查治理暂行规定》《危险化学品企业事故隐患排查治理实施导则》等有关法律、法规，制定本规定。

2　适用范围

本制度适用于××公司的事故隐患排查与治理工作。

3　定义

事故隐患：是指违反安全生产法律法规、规章、标准、规程和安全生产管理制度的规定，或者因其他因素在生产经营活动中存在可能导致事故发生的物的不安全状态、人的不安全行为和管理上的缺陷。主要包括：

3.1　作业场所、设备设施、人的行为及安全管理等方面存在的不符合国家安全生产法律法规、标准规范、规章制度规定的情况。

3.2　作业场所、设备设施、人的安全行为及安全管理等方面存在的可能导致人身伤亡、重大危险品泄漏、火灾爆炸、财产损失等事故的缺陷。

安全检查（事故隐患排查）：对人的不安全行为、物的不安全状态和管理上的缺陷进行日常、综合、专业、季节性检查，是发现和查明各种危险和事故隐患、督促整改的过程。

4　职责与权限

4.1　总经理对公司事故隐患排查与治理工作全面负责，是事故隐患排查与治理的第一责任人，负责事故隐患项目整改治理方案的审批、整改治理资金的落实和整改治理工作进度的审核及责任考核。

4.2　公司分管副总经理对事故隐患排查与治理工作具体负责。

4.3　安全生产管理部门是事故隐患排查与治理工作的归口管理部门，负责事故隐患排查与治理工作统计、分析、监督、指导和上报。

4.4　设备管理部门负责设备（包括机、电、仪）隐患排查与治理项目的实施、管理。

4.5　生产部门负责工艺事故隐患排查与治理项目的实施、管理。

4.6　财务部门负责安排投资计划和整改资金，保证资金及时到位和专款专用。

4.7　采购部门按实施计划和质量要求及时完成事故隐患治理项目所需设备、材料的采购供应。

4.8　其他部门负责本部门的事故隐患排查与治理项目的实施、管理。

5　要求和说明

5.1　基本要求

5.1.1 事故隐患排查与治理是安全管理的重要内容，应按照“谁主管、谁负责”和“全员、全过程、全方位、全天候”“属地化管理”的原则，组织事故隐患排查并实现闭环管理，持续改进逐步提高安全绩效。

5.1.2 建立明确的事故隐患排查体制机制，主要包括：

(1) 应逐级建立并落实从总经理到每个从业人员的事故隐患排查与治理和监控责任制。

(2) 公司建立健全事故隐患排查、登记建档、治理、上报及治理专项资金使用等各项制度。

5.1.3 按照确定的事故隐患排查频次定期组织相关人员进行排查，对排查出的事故隐患，按照事故隐患分级标准，进行评估分级，并建立事故隐患信息档案。

5.1.4 对排查出的事故隐患，应当立即采取治理措施予以消除；对短期内难以消除的事故隐患，应当确定治理计划并按照职责分工实施监控管理，适时进行治理排除。

5.1.5 按照安全生产监督管理部门的要求，建立可与安全生产监督管理部门事故隐患信息管理系统通信的“事故隐患排查与治理信息系统”，并定期进行事故隐患上报。

5.2 事故隐患排查方式及频率

5.2.1 事故隐患排查方式

事故隐患排查的方式可与相关部门、各专业的常规工作、专项检查工作和监督检查活动相结合。主要的排查方式包括：

(1) 日常事故隐患排查。日常事故隐患排查是指班组、岗位员工的交接班检查和班中巡回检查，以及基层单位领导和工艺、设备、电气、仪表、安全等专业技术人员的经常性检查。公司各岗位应严格履行日常检查制度，特别应对重大危险源的危险点进行重点检查和巡查。

(2) 综合性事故隐患排查。综合性事故隐患排查是指以落实安全基础管理和危险化学品管理为重点，各专业共同参与的全面检查。

(3) 专项事故隐患排查。专项事故隐患排查主要包括专业性排查、季节性排查、重要活动及节假日前排查以及事故类比排查。

1) 专业性事故隐患排查主要是对区域位置及总图布置、工艺、设备、电气、仪表、储运、消防和公用工程等系统分别进行的专业检查。各专业性事故隐患排查应建立一个事故隐患排查小组，制定排查标准，明确负责人，排查小组人员应有相应的专业知识和生产经验，熟悉有关标准和规范。

2）季节性事故隐患排查是指根据各季节特点开展的专项事故隐患排查，主要包括：

①春季安全大检查，以防火、防爆、防中毒、防尘、防静电等为重点。

②夏季安全大检查，以防火、防爆、防中毒、防尘、防雷、防暑降温、防台风、防汛等为重点。

③秋季安全大检查，以防火、防爆、防中毒、防尘等为重点。

④冬季安全大检查，以防火、防爆、防中毒、防尘、防静电、防冻、防凝、防滑、防有害气体窒息等为重点。

3）重要活动及节假日前事故隐患排查，主要是指节前对安全、保卫、消防、生产准备、备用设备、应急预案等进行的检查，特别是应对节日期间干部、检维修队伍值班安排和原辅料、备品备件、应急预案落实情况进行重点检查。

4）事故类比隐患排查，是指通过对已发生事故进行系统分析，排查企业存在的同类事故隐患。

5.2.2 事故隐患排查频次确定

事故隐患排查的频次见表 2—1：

表 2—1　　各种事故隐患排查频次

<table>
<tr><th>序号</th><th colspan="2">事故隐患排查的形式</th><th>事故隐患排查的对象和内容</th><th>频次和时机</th><th>组织者</th></tr>
<tr><td>1</td><td>综合性检查</td><td>公司级检查</td><td>安全生产管理体系和工艺、设备、消防、现场等</td><td>每月一次</td><td>安全生产管理部门</td></tr>
<tr><td rowspan="5">2</td><td rowspan="5">日常检查</td><td>各部门或单元检查</td><td>技术、设备、消防、现场等</td><td>每天一次</td><td>各部门或单元</td></tr>
<tr><td>操作工巡检</td><td>工艺、设备、电气、现场等巡回检查</td><td>两小时一次</td><td>操作工</td></tr>
<tr><td>机、电、仪巡检</td><td>工艺、设备、电气、现场等巡回检查</td><td>每天一次</td><td>维修工</td></tr>
<tr><td>班长巡检</td><td>工艺、设备、电气、现场等巡回检查</td><td>上午、下午各一次</td><td>班组长</td></tr>
<tr><td rowspan="2">3</td><td rowspan="2">专业性检查</td><td>安全基础管理</td><td>—</td><td>半年一次</td><td>各部门或单元</td></tr>
<tr><td>区域位置和总图布置</td><td>—</td><td>半年一次</td><td>安全生产管理部门</td></tr>
</table>

续表

序号	事故隐患排查的形式		事故隐患排查的对象和内容	频次和时机	组织者
3	专业性检查	工艺	—	半年一次	生产、技术部门
		设备	—	半年一次	各部门或单元
		电气系统	—	半年一次	设备部门
		仪表系统	—	半年一次	设备部门
		危险化学品管理	—	半年一次	安全生产管理部门
		储运系统	—	半月一次	储运部门
		消防系统	—	半年一次	安全生产管理部门及属地各部门或单元
		公用工程	—	半年一次	生产部门
		压力容器、管道	—	半年一次	设备部门
		职业卫生设施、劳动防护用品	—	半年一次	安全生产管理部门及属地各部门或单元
4	季节性检查	春季安全检查	防雷、防静电、防火等	春季	安全生产管理部门及属地各部门或单元
		夏季安全检查	防暑降温、防雷、防静电、防雨等	夏季	安全生产管理部门及属地各部门或单元
		秋季安全检查	防火、检查安全防护设施等	秋季	安全生产管理部门及属地各部门或单元
		冬季安全检查	防火防爆、防中毒、防冻保温、防滑等	冬季	安全生产管理部门及属地各部门或单元
5	节假日检查	—	生产要害部位，以关键设备、关键装置的防火、防爆、防泄漏为重点	元旦、春节、五一、国庆等重大节日前	安全生产管理部门及属地各部门或单元
6	临时检查	—	紧急情况下的抢修，大修项目的开工，长期不用设备开车，新工艺、新产品、新设备的投产，都应进行临时性的安全检查	不定	职能部门、分厂、班组分别负责进行
7	类比检查	—	发生重大泄漏、火灾爆炸等工艺安全事故时，如果企业本身涉及事故中相同或相似的生产设施时	及时检查	安全生产管理部门及属地各部门或单元

对于区域位置、工艺技术等不会经常发生变化的专业，可依据实际变化情况确定排查间隔。但应确保实际发生变化时及时进行事故隐患排查。

5.2.3　当发生以下情形之一，企业应及时组织进行相关专业的事故隐患排查：

（1）适应性新法律法规、标准规范颁布实施或原有适应性法律法规、标准规范重新修订后颁布实施。

（2）组织机构发生大的调整。

（3）操作条件或工艺改变。

（4）外部环境发生重大变化。

（5）发生事故或对事故、事件有新的认识。

（6）气候条件发生大的变化或预期会发生重大自然灾害。

6　事故隐患排查重点内容

根据危险化学品企业的特点，事故隐患排查分类包括但不限于以下专业：

（1）安全生产基础管理。

（2）区域位置和总图布置。

（3）工艺。

（4）设备。

（5）电气系统。

（6）仪表系统。

（7）危险化学品安全管理。

（8）储运系统。

（9）消防系统。

（10）公用工程。

6.1　安全生产基础管理事故隐患排查重点

6.1.1　安全生产管理机构、安全生产责任制和安全生产管理制度建立健全情况。

6.1.2　依照国家相关规定提取与使用安全生产费用以及参加工伤保险的情况。

6.1.3　安全生产培训与教育情况，主要包括：

（1）企业主要负责人、安全生产管理人员的培训及持证上岗。

（2）特种作业人员的培训及持证上岗。

（3）其他从业人员的教育培训。

6.1.4 开展风险评价与事故隐患管理的情况，主要包括：

(1) 法律法规和标准的识别和获取。

(2) 定期和及时对作业活动和生产设施进行风险评价。

(3) 风险评价结果的落实、宣传及培训。

(4) 事故隐患项目的治理、建档与上报。

6.1.5 事故管理、变更管理及承包商的管理。

6.1.6 危险作业和检、维修的管理情况，主要包括：

(1) 从业人员劳动防护用品和器具的配置、佩戴与使用。

(2) 危险性作业活动作业前的危险、有害因素识别与控制。

(3) 动火作业、进入受限空间作业、破土作业、临时用电作业、高处作业、断路作业、吊装作业、设备检修作业和抽堵盲板作业等危险性作业的作业许可管理。

6.1.7 危险化学品事故的应急管理，主要包括：

(1) 应急组织及其相关的职责建立。

(2) 应急救援物资和应急救援队伍的配备。

(3) 应急救援预案制定、培训、演练与评估、发布及备案等管理情况。

6.2 区域位置和总图布置事故隐患排查重点

6.2.1 危险化学品生产装置和重大危险源储存设施与《危险化学品安全管理条例》中规定的重要场所的安全距离。

6.2.2 可能造成水域环境污染的危险化学品危险源的防范情况：

(1) 泄漏的危险化学品液体和受污染的消防水直接进入水域的隐患。

(2) 泄漏的可燃液体和受污染的消防水流入区域排洪沟或水域的隐患。

6.2.3 公司周边或作业过程中存在的易由自然灾害引发事故灾难的危险点排查、防范和治理情况：

(1) 破坏性地震。

(2) 洪汛灾害。

(3) 气象灾害（强热带风暴、飓风、暴雨、冰雪、海啸等）。

(4) 由于地震、洪汛、气象灾害而引发的其他灾害。

6.2.4 公司内部重要设施的平面布置以及安全距离，主要包括：

(1) 控制室、变配电所、化验室、办公室、机柜间以及人员密集区或场所。

(2) 消防站（包括泡沫站）及消防泵房。

(3) 空压站。

(4) 点火源（包括焚烧炉）。

(5) 危险化学品生产与储存设施等。

(6) 其他重要设施及场所。

6.2.5 其他总图布置情况，主要包括：

(1) 建构筑物的安全通道。

(2) 厂区道路、消防道路、安全疏散通道和应急通道等重要道路（通道）的设计、建设与维护。

(3) 安全警示标志的设置情况。

(4) 其他与总图相关的事故隐患。

6.3 工艺事故隐患排查重点

6.3.1 工艺的安全管理，主要包括：

(1) 工艺安全信息的管理。

(2) 工艺风险分析制度的建立和定期执行。

(3) 操作规程的编制、审查、使用与控制。

(4) 工艺安全培训程序、内容、频次及记录的管理。

6.3.2 工艺技术及工艺装置的安全控制，主要包括：

(1) 装置可能引起火灾、爆炸等严重事故的部位是否设置超温、超压等检测仪表、声光报警、泄压设施和安全联锁装置等设施。

(2) 针对温度、压力、流量、液位等工艺参数的安全操作范围，设计合理的安全泄压系统以及安全泄压措施的完好性。

(3) 危险物料的泄压排放或放空的安全性。

(4) 氧化和聚合两项危险化工工艺的安全控制情况。

(5) 紧急排放系统的安全性。

(6) 其他工艺方面的事故隐患。

6.3.3 现场工艺安全状况，主要包括：

(1) 工艺卡片的管理，包括工艺卡片的建立和变更，以及工艺指标的现场控制。

(2) 现场安全联锁装置的管理，包括安全联锁装置管理制度及现场安全联锁装置投用、摘除与恢复。

(3) 工艺操作记录及交接班情况。

(4) 剧毒品使用部位的巡检、取样、操作与检维修的现场管理。

6.4 设备事故隐患排查重点

6.4.1 设备管理制度与管理体系的建立与执行情况，主要包括：

(1) 按国家相关法律法规制定、修订设备管理制度。

(2) 有健全的设备管理体系，设备管理人员按要求配备。

(3) 建立健全安全设施管理制度及台账。

6.4.2 设备现场的安全运行状况，包括：

(1) 大型机组、机泵、焚烧炉等关键设备装置的联锁自保护及安全附件的设置、投用与完好状况。

(2) 大型机组关键设备特级维护是否到位，备用设备是否处于完好备用状态。

(3) 转动机器的润滑状况，设备润滑的"五定""三级过滤"。

(4) 设备状态监测和故障诊断情况。

(5) 设备的腐蚀防护状况，包括重点装置设备腐蚀的状况，设备腐蚀部位，工艺防腐措施，材料防腐措施等。

6.4.3 特种设备（包括压力容器、压力管道）的现场管理：

(1) 特种设备（包括压力容器、压力管道）的管理制度及台账。

(2) 特种设备注册登记及定期检测检验情况。

(3) 特种设备安全附件的管理维护。

6.5 电气系统事故隐患排查重点

6.5.1 电气系统的安全管理，主要包括：

(1) 电气特种作业人员资格管理。

(2) 电气安全相关管理制度、规程的制定及执行情况。

6.5.2 供配电系统、电气设备及电气安全设施的设置，主要包括：

(1) 用电设备的电力负荷等级与供电系统的匹配性。

(2) 消防泵、关键装置、关键机组等以及负荷中的特别重要负荷的供电。

(3) 重要场所事故应急照明。

(4) 电缆、变配电相关设施的防火防爆。

(5) 爆炸危险区域内的防爆电气设备选型及安装。

(6) 建构筑、工艺装置、作业场所等的防雷、防静电。

6.5.3 电气设施、供配电线路及临时用电的现场安全状况。

6.6 仪表系统事故隐患排查重点

6.6.1 仪表的综合管理，主要包括：

(1) 仪表相关管理制度建立和执行情况。

(2) 仪表系统的档案资料、台账管理。

(3) 仪表调试、维护、检测、变更等记录。

(4) 安全仪表系统的投用、摘除及变更管理等。

6.6.2 仪表系统配置，主要包括：

(1) 基本过程控制系统和安全仪表系统的设置是否满足安全稳定生产需要。

(2) 现场检测仪表和执行元件的选型、安装情况。

(3) 仪表供电、供气、接地与防护情况。

(4) 可燃气体和有毒气体检测报警器的选型、布点及安装。

(5) 安装在爆炸危险环境仪表是否满足要求等。

6.6.3 现场各类仪表完好有效，检验维护及现场标识情况，主要包括：

(1) 仪表及控制系统的运行状况是否稳定可靠，是否满足危险化学品生产需求。

(2) 是否按规定对仪表进行定期检定或校准。

(3) 现场仪表位号标识是否清晰等。

6.7 危险化学品管理事故隐患排查重点

6.7.1 危险化学品分类、登记与档案的管理，主要包括：

(1) 按照标准对产品、所有中间产品进行危险性鉴别与分类，分类结果汇入危险化学品档案。

(2) 按相关要求建立健全危险化学品档案。

(3) 按照国家有关规定对危险化学品进行登记。

6.7.2 化学品安全信息的编制、宣传、培训和应急管理，主要包括：

(1) 危险化学品安全技术说明书和安全标签的管理。

(2) 危险化学品“一书一签”制度的执行情况。

(3) 24 小时应急咨询服务或应急代理。

（4）危险化学品相关安全信息的宣传与培训。

6.8 储运系统事故隐患排查重点

6.8.1 储运系统的安全管理情况，主要包括：

（1）储罐区、可燃液体的装卸设施、危险化学品仓库储存管理制度以及操作、使用和维护规程制定及执行情况。

（2）储罐的日常和检维修管理。

6.8.2 储运系统的安全设计情况，主要包括：

（1）易燃、可燃液体及可燃气体的罐区，如罐组总容、罐组布置，防火堤及隔堤，消防道路、排水系统等。

（2）重大危险源罐区现场的安全监控装备是否符合重大危险源安全生产要求。

（3）原料罐区和中间罐区的安全控制及应急措施。

（4）装卸设施。

（5）危险化学品仓库的安全储存。

6.8.3 储运系统罐区、储罐本体及其安全附件、汽车装卸区等设施的完好性。

6.9 消防系统事故隐患排查重点

6.9.1 建设项目消防设施验收情况；消防安全机构、人员设置与制度的制定，消防人员培训、消防应急预案及相关制度的执行情况；消防系统运行检测情况。

6.9.2 消防设施与器材的设置情况，主要包括：

（1）移动灭火设备，如消防站、消防车、消防人员、移动式消防设备、通信等。

（2）消防水系统与泡沫系统，如消防水源、消防泵、泡沫液储罐、消防给水管道、消防管网的分区阀门、消火栓、泡沫栓，消防水炮、泡沫炮、固定式消防水喷淋等。

（3）罐区、装置区等设置的半固定式灭火系统。

（4）甲、乙类装置、罐区、控制室、配电室等重要场所的火灾报警系统。

（5）生产区、工艺装置区、建构筑物的灭火器材配置。

（6）其他消防器材。

6.9.3 固定式与移动式消防设施、器材和消防道路的现场状况。

6.10 公用工程事故隐患排查重点

6.10.1 给排水、循环水系统、污水处理系统的设置与能力是否满足各种状态下需求。

6.10.2　供热管道设备设施、安全设施是否存在事故隐患。

6.10.3　空压站、空压站位置的合理性及设备设施的事故隐患。

7　事故隐患评估、治理与上报

7.1　事故隐患级别

（1）一般事故隐患，是指能够及时整改排除或不足以造成人员伤亡、财产损失、环境破坏的隐患。

（2）重大事故隐患，是指整改排除难度较大，可能造成人员伤亡、财产损失、环境破坏的隐患。

7.2　事故隐患评估与治理

7.2.1　应建立事故隐患评估、治理及关闭机制，按照“排查—评估—报告—治理（控制）—验收—关闭”的流程形成闭环管理。对排查出的各级事故隐患，应做到“五定”：定整改方案、定资金来源、定项目负责人、定整改期限、定控制措施，并将整改落实情况纳入日常管理进行监督，及时协调在事故隐患整改中存在的资金、技术、物资采购、施工等各方面问题。

7.2.2　事故隐患一经确定，其所在部门（单元）应立即采取控制措施，防止事故发生，同时编制治理方案。重大事故隐患治理方案应包括：

（1）事故隐患的现状及其产生原因。

（2）事故隐患的危害程度和整改难易程度分析。

（3）治理的目标和任务。

（4）采取的方法和措施。

（5）经费和物资的落实。

（6）负责治理的机构和人员。

（7）治理的时限和要求。

（8）防止事故隐患进一步发展的安全措施和应急预案。

7.2.3　事故隐患排除前或者排除过程中无法保证安全的，应当从危险区域内撤出作业人员，并疏散可能危及的其他人员，设置警戒标志，暂时停产停业或者停止使用；对暂时难以停产或者停止使用的相关生产储存装置、设施、设备，应当加强维护和保养，提出充分的风险控制措施，并落实相应的责任人和整改完成时间。

7.2.4　事故隐患治理方案、整改完成情况、验收报告等应及时归入事故隐患档案。事故隐患档案应包括以下信息：事故隐患问题、事故隐患内容、事故隐患编号、事故隐患所在单位、专业分类、归属职能部门、评估等级、整改期限、治理方案、整改完成情况、验收报告等。事故隐患排查与治理过程中形成的传真、会议纪要、正式文件等也应归入事故隐患档案。

7.3 事故隐患上报

7.3.1 应当定期通过“事故隐患排查与治理信息系统”向安全生产监督管理部门和相关主管部门上报事故隐患统计汇总情况，同时报送书面事故隐患统计汇总表。统计汇总表应当由公司主要负责人签字。

7.3.2 对于重大事故隐患，除依照前款规定报送外，应当及时向安全生产监督管理部门和有关主管部门报告。重大事故隐患报告内容应当包括：

(1) 事故隐患的现状及其产生原因。

(2) 事故隐患的危害程度和整改难易程度分析。

(3) 事故隐患的治理方案。

附：重大事故隐患风险评估方法

风险度（值）计算公式：风险值（R）＝可能性（L）×后果（S）

式中：R 为作业条件的危险性；L 为事故或危险事件发生的可能性；S 为发生事故或危险事件的后果。确定每一事故隐患的 L、S 各项分值，然后再以两个分值的乘积来评价作业条件危险性的大小，即 $R=L\times S$，再根据风险值 R 进行重大事故隐患风险等级划分。其中，S、L、R 的判定准则与风险矩阵见表 2—2～表 2—5。

表 2—2　　事故影响后果的严重性（S）判定准则

等级	后果	人员伤亡	财产损失或维修成本	装置或单个单元停工	环境污染资源消耗	企业形象
5	很严重后果	死亡 3 人以上	≥1 000 万元	≥30 天	≥1 000 kg 以上高危险性化学品泄漏/释放，或者超过 10 t 的污染物泄漏；企业范围外周边地区	国际影响
4	严重后果	1～2 人死亡或丧失劳动能力；3～9 人重伤	≥100 万元	≥5 天	≥300 kg 以上高危险性化学品泄漏/释放，或者超过 10 t 的污染物泄漏；企业内严重污染	国内影响；政府管制，媒体和公众关注负面后果

续表

等级	后果	人员伤亡	财产损失或维修成本	装置或单个单元停工	环境污染资源消耗	企业形象
3	中等后果	3人以上轻伤；1～2人重伤	≥10万元	≥1天	包含500 kg以上其他可燃、腐蚀以及有毒产品；大于等于4 t小于10 t的污染物泄漏；企业范围内污染	本地区内影响；政府管制，公众关注负面后果
2	较低后果	人员轻微受伤，不严重；可能会损失工作时间或医疗处理、丧失劳动时间事故（轻伤）	≥1万元	≤1天	一般污染物泄漏大于1 t小于4 t；装置范围内污染	社区、邻居、合作伙伴影响
1	很低后果	轻微伤害或没有受伤；无损失劳动时间或未遂事件；紧急救助、工作受限事件	≤1	没有停工	无污染或轻度污染	企业内部关注；形象没有受损

表2—3　　事件发生的可能性（*L*）判断准则

等级	事故概率（/年）	可能性描述	标准
5	$1\sim10^{-2}$	极易发生事故	在现场没有采取防范、监测、保护、控制措施；危害的发生不能被发现（没有监测系统）或在正常情况下经常发生此类事故或事件
4	$10^{-2}\sim10^{-3}$	较易发生事故	危害的发生不容易被发现，现场没有检测系统，也未作过任何监测，或在现场有控制措施，但未有效执行或控制措施不当。危害常发生或在预期情况下发生
3	$10^{-3}\sim10^{-4}$	易发生事故	没有保护措施（如没有保护防装置、没有劳动防护用品等），或未严格按操作程序执行；危害的发生容易被发现（现场有监测系统）或曾经作过监测或过去曾经发生或在异常情况下发生类似事故或事件
2	$10^{-4}\sim10^{-5}$	较难发生事故	危害一旦发生能及时发现，并定期进行监测或现场有防范控制措施，并能有效执行或过去偶尔发生危险事故或事件
1	$10^{-6}\sim10^{-7}$	极难发生事故	有充分、有效的防范、控制、监测、保护措施或员工安全健康意识相当高，严格执行操作规程，极不可能发生事故或事件

表 2—4 风险度（R）判定准则

风险度（R）	等级	应采取的行动/控制措施	备注
$20 \leqslant L \times S \leqslant 25$	巨大风险（1 级）	在采取措施降低危害前，不能继续作业，对改进措施进行评估	
$15 \leqslant L \times S \leqslant 19$	重大风险（2 级）	采取紧急措施降低风险，建立运行控制程序，定期检查、测量及评估	
$9 \leqslant L \times S \leqslant 12$	中等风险（3 级）	可考虑建立目标、建立操作规程，加强培训及沟通	
$4 \leqslant L \times S \leqslant 8$	可接受风险（4 级）	可考虑建立操作规程、作业指导书但需定期检查	
$L \times S < 4$	轻微或可忽略的风险（5 级）	无须采用控制措施，但需保存风险记录	

表 2—5 风险矩阵

风险值 R	事故后果（S）由低到高					
事故发生可能性 L 由低到高		1	2	3	4	5
	1	1	2	3	4	5
	2	2	4	6	8	10
	3	3	6	9	12	15
	4	4	8	12	16	20
	5	5	10	15	20	25

3. 安全风险分级管控和事故隐患排查与治理双重防控体系

事故隐患排查与治理体系要同风险分级管控体系相结合，形成安全风险分级管控和事故隐患排查与治理双重安全风险防控体系，需要重点抓好的工作主要有以下几个方面：

（1）开展企业风险和事故隐患排查，科学开展评估，确定风险等级。落实企业安全风险分级管控岗位责任，建立企业安全风险公告、岗位安全风险确认和安全操作“明白卡”制度。推进企业安全生产标准化和事故隐患排查与治理体系建设，建立自查、自改、自报事故隐患的排查与治理信息系统，同时建设政府部门信息化、数字化、智能化事故隐患排查与治理网络管理平台并与企业互联互通，实现事故隐患排查、登记、评估、报告、监控、治理、销账的全过程记录和闭环管理。

（2）实施安全风险分级管控和事故隐患分级排查与治理。风险等级的确定有行业标准的，从其规定；无行业标准的，可按照高、中、低 3 个等级确定，具体由各主管部门参照市级各类事故或突发事件应急预案分级标准制定。根据要求确定事故隐患分级，逐步建立市、区县、乡镇街道三级安全风险和事故隐患等级分布电子图。

(3) 建立安全风险网格化管理制度、安全风险分级管控制度、安全风险公告制度和重大安全风险预警机制，深化事故隐患督办治理和“打非治违”，推行事故隐患排查与治理信息化管理，细化各行业领域企业安全生产事故隐患排查与治理标准，实施分级分类动态监管，提高精细化管理水平。推动区县、企业深化重大事故隐患与治理分级、分类督办，完善事故隐患排查与治理常态管理机制。

(4) 深化安全生产信用体系建设，推进企业安全生产信用信息共享、公示与联动惩戒。实施安全生产“黑名单”制度，加大对重大事故隐患整改情况的跟踪力度，及时将未按要求整改或在规定时限内整改不到位的生产经营单位予以曝光，并纳入“黑名单”管理，通报相关部门实施联合惩戒，推动及时消除重大事故隐患。充分发挥安全生产举报制度的作用，建立举报信息督查督办制度，认真核实安全生产非法违法举报信息，及时将涉事企业（单位）纳入“黑名单”管理。加大对纳入“黑名单”管理的生产经营单位的监管力度，跟踪落实惩戒措施，建立常态化暗查暗访机制，不定期开展检查。推动将企业安全生产工作与其保险费率、信用等级评定挂钩，强化对不良信用记录及失信企业的联合惩戒。积极扩大公众参与和监督，充分利用各类培训机构、传统媒体和新媒体力量，加强安全生产宣传教育培训。

二、事故隐患排查与治理和其他安全生产管理工作的关系

1. 与安全生产检查工作的关系

从相关规定看，事故隐患排查与治理体系工作是安全生产检查工作的深化，使之更加系统化和具体化，具有更强的可操作性，将政府、企业更加紧密地联系起来，充分调动各方面的积极性和主动性，实现的过程也更符合科学规律。

(1) 事故隐患排查从本质上看与安全生产检查工作是相同的。

(2) 事故隐患排查可以通过安全生产检查来实现。

(3) 两者实施后的结果都是发现事故隐患，不过安全生产检查还会更多地关注不构成事故隐患的危险和有害因素。

(4) 两者都是完整的管理工作过程，但事故隐患排查与治理体系比安全生产检查工作增加了企业事故隐患工作强制性向安全生产监督管理部门上报的要求。

2. 与安全生产标准化工作的关系

企业事故隐患排查与治理工作是安全生产标准化建设的基础，贯穿于安全生产标

准建设的全过程，建立事故隐患排查与治理体系为安全生产标准化建设提供了坚实的基础保障。

（1）事故隐患排查与治理体系是安全生产标准化工作的重要内容。安全生产标准化建设工作是我国安全生产领域的重点工作，其实施的主要依据是《企业安全生产标准化基本规范》（GB/T 33000—2016）及各行业的安全生产标准化评定标准。《企业安全生产标准化基本规范》中专门有一个要素是事故隐患排查与治理，对事故隐患排查、排查范围与方法、事故隐患治理和预测预警 4 个方面提出了基本要求和原则性规定。事故隐患排查与治理体系作为一个具有依据明确、结构完整、内容充实和可操作性强的独立运行的系统，为企业提供了事故隐患排查与治理标准，指导企业开展事故隐患排查与治理工作，是安全生产标准化的进一步细化和深化。

（2）事故隐患排查与治理体系反映了安全生产标准化建设的动态过程。建立事故隐患排查与治理体系可以更好地促进企业全面、深入地做好事故隐患排查与治理工作，使政府有关监管部门能及时、准确地掌握其安全生产状况，为政府及有关部门为企业做好服务工作提供了保证。安全生产标准化工作通常要求企业每年至少进行一次自评，安全生产标准化企业证书和牌匾有效期为 3 年，在此期间，企业通过实施事故隐患排查与治理工作可以保证标准化工作的顺利进行。

3. 与职业健康安全管理体系的关系

《职业健康安全管理体系　要求》（GB/T 28001—2011）中有重要要素“危险源辨识、风险评价和控制措施的确定”，其内容和要求与事故隐患排查与治理工作很类似，并且为能更好地实施这一个要素，还在《职业健康安全管理体系　实施指南》（GB/T 28002—2011）中用了大量篇幅指导这个要素的具体操作，并在资料性附录中的附录 C“在危险源辨识检查表中包含项目的示例”、附录 D“风险评价工具和方法的示例比较”以及图 2“危险源辨识和风险评价过程的概况”还有表 D.1“风险评价工具和方法的示例对照”提供了很多示例，以保证实施这一工作的效果，因为它是整个管理体系的基础性工作。这些与隐患排查与治理工作在安全生产管理工作中的地位与作用都是很接近的。

第三章　事故隐患排查工作方法

第一节　事故致因理论指导隐患排查

一、运用“2-4”模型进行危险源辨识

消除事故的基础工作是找出导致事故的原因，这就要依据事故致因理论来建立事故致因模型。事故致因模型有很多，如瑞士奶酪模型（Swiss Cheese Model）、人因分析与分类系统（HFACS）、系统理论事故模型及过程（STAMP）、“2-4”模型（“2-4” Model）等，每类事故致因模型都有相应的事故原因（危险源）分类和分析方法。因此，要进行事故原因的辨识（危险源辨识），或者说进行事故隐患排查，应依据最适宜的事故致因模型来进行。

在此推荐采用“2-4”模型这一较完善的事故致因模型来进行危险源的辨识和隐患排查，其基本原理详见第一章第二节。首先分析事故在其发生组织内部的原因，且从事故开始向前追溯，事故或者与事故发生相关的事件、事项的直接原因是人的不安全行为和物的不安全状态，间接原因是组织成员的习惯性行为，根本原因是事故发生组织的安全管理体系的缺欠，根源原因是事故发生组织的安全文化的欠缺。在组织内部，事故有个人、组织两层面、四阶段的事故原因。然后分析对事故发生有影响的外部因素（即外部原因），包括外部监管因素，供应商的产品与服务因素，自然因素，事故引发人的家庭、遗传、成长环境因素，以及影响组织的政治、经济、文化、法律方面的因素等。事故原因分析必须找到事故的所有原因，即所有危险源。

1. 从导致事故的直接原因进行危险源辨识

找到引发事故或者与事故发生相关的事件、事项的所有重要人的不安全行为与物的不安全状态，按照对事故发生的重要性进行排序。

（1）人的不安全行为分析。人的不安全行为种类繁多，事故直接引发者存在不安全行为，组织内其他人员的不安全行为也会对事故或者与事故发生相关的事件、事项的发生产生影响。分析人的不安全行为时应注意以下几方面：全面考虑组织内各类、各层级人员的不安全行为，不仅有一线人员，还应包括管理层等人员的不安全行为，全面考虑违章动作、不违章但曾经引起过事故以及经风险评估确定为不安全的动作。

（2）物的不安全状态分析。物的不安全状态包括事故发生时既有的物的不安全状态和由于人的不安全行为造成的物的不安全状态以及习惯性行为激活的不安全状态。分析物的不安全状态主要从以下几方面考虑：安全防护装置，即防护、保险、连锁、信号等装置或用具的缺失或者欠缺，设备、设施、工具、附件等的缺失或者欠缺，场地环境的不安全状态，操作对象的不安全状态等。

2. 从导致事故的间接原因进行危险源辨识

间接原因为组织成员的不安全习惯性行为，包括安全知识不足、安全意识不强、安全习惯不佳、安全心理状态不佳、安全生理状态不佳等，其作用关系表现为：知识不足引起不安全行为或激活物的不安全状态；知识不足引起安全意识不强，意识不强产生不安全动作或者激活物的不安全状态；安全知识不足引起安全习惯不佳，安全习惯不佳产生不安全行为或者激活物的不安全状态；安全心理、生理状态不佳，产生不安全行为或者激活物的不安全状态；分析时需把安全知识、安全意识、安全习惯、安全心理、安全生理的问题充分找到，其中最重要的是安全知识。

3. 从导致事故的根本原因进行危险源辨识

组织层面的原因，如安全管理体系的欠缺是事故的根本原因。有缺陷的安全管理体系会影响从业人员的习惯性行为，进而产生人的不安全行为和物的不安全状态。

根本原因分析方法：安全管理体系一般由安全方针、组织结构、安全管理程序、作业指导书等组成，且在运行时被充分执行。因此分析安全管理体系的欠缺时应从安全方针、组织结构、管理程序、作业指导书等几方面考虑：安全方针的概括性、有效性；组织结构的有效性；安全管理程序和作业指导书等的充分性和有效性；安全管理体系的建立、实施、保持和持续改进状况。

4. 从导致事故的根源原因进行危险源辨识

安全文化欠缺是事故的根源原因。安全文化通过影响组织安全管理体系来影响组织成员的习惯性行为，最终影响其动作和物态。因此安全文化是组织安全工作的指导思想，良好的安全管理体系要求组织具备良好的安全文化支撑。

根源原因分析方法：安全文化是安全理念的集合，安全文化内容的具体条目、内容及组织成员对安全文化的共同理解程度对事故预防起着根本性作用。因此分析安全文化原因时应考虑以下方面：安全理念的充分性、系统性、与事故发生的相关性；对安全理念的理解或接受程度；安全文化载体的建设情况；进行定性分析和定量分析并给出结果。

5. 从导致事故的外部原因进行危险源辨识

事故的外部原因是对事故发生有影响的监管因素，供应商的产品与服务因素，自然因素，事故引发人的家庭、遗传、成长环境因素，以及影响组织的政治、经济、文化、法律因素等。分析时，应具体找出其作用点和影响作用，为预防事故奠定基础。

6. 基于“2-4”模型的事故隐患治理

基于“2-4”模型，分析可能导致事故的所有原因，便是系统的事故隐患排查，也是事故隐患治理的着手点。企业和每一位从业人员都应当重视事故苗头的分析，识别危险苗头，建立事故苗头的登记制度并采取相应的有效措施予以消除。

任何事物的发展，都有规律可循，事故隐患治理也不例外。要做好事故隐患排查工作，必须识别危险苗头，才能做到有的放矢，防患于未然。对于识别事故隐患企业要做到全员参与，树立起高度的事故防范意识，掌握必要的事故防范知识。

二、不安全行为的纠正

要纠正不安全行为，就要明确不安全行为包括哪些因素，以及如何划分这些因素的层次。依据“2-4”模型，不安全行为分为违章的、不违章但引起事故的以及不违章未引起事故但高风险的，且行为无论是否违章均可细分为不安全操作、不安全行为与不安全指挥。不安全行为的类型及识别依据见表3—1。

不安全行为包括：不安全操作、不安全行动和不安全指挥，再往下根据行为方式违章与否、是否曾造成事故和是否具有高风险，划分为3个子类，具体识别标准如下：根据安全生产法律法规、标准、规章制度、操作规程等判定不安全行为是否违章，如

表 3—1　　不安全行为的类型及识别依据

	违章	不违章但曾触发事故	不违章未曾触发事故但高风险
不安全操作	违章的不安全操作	不违章但引起事故的不安全操作	不违章、未引起事故但高风险的不安全操作
不安全行动	违章的不安全行为	不违章但引起事故的不安全行为	不违章、未引起事故但高风险的不安全行为
不安全指挥	违章的不安全指挥	不违章但引起事故的不安全指挥	不违章、未引起事故但高风险的不安全指挥
识别依据	根据规章（国家、行业、组织）	根据规章和事故案例	根据规章、事故案例和风险评估

果违章的话就归为违章类不安全行为。对于不违章的不安全行为，如果其触发事故就将其归类为不违章但曾触发事故类型的不安全行为。如果不违章且未触发事故，则其判定标准是依据规章、制度标准及事故案例、风险评估等确定该类不安全行为的风险高低。

根据相关统计数据人的不安全行为是最重要的事故隐患，由此导致了90%以上事故的发生。从业人员常见的不安全行为主要有以下几种：

（1）操作错误、忽视安全、忽视警告。未经许可开动、关停、移动机器，开、关机器时未给信号，开关未锁紧造成意外转动、通电或漏电等，忘记关闭设备，忽视警告标记、警告信号，操作错误，奔跑作业，机器超速运转，手伸进冲压模，工件坚固不牢，用压缩空气吹铁屑等。

（2）造成安全装置失效。安全装置被拆除、堵塞，作用失效，调整的错误造成安全装置失效等。

（3）使用不安全设备。临时使用不牢固的设施，使用无安全装置的设备等。

（4）手代替工具操作。用手代替手动工具，用手清除切屑，不用夹具固定，用手拿工件进行机加工，物品存放不当等。

（5）冒险进入危险场所。冒险进入涵洞、接近漏料处、危险化学品房、基建工地等。

（6）攀、坐不安全位置。在起吊物下作业、停留，机器运转时加油、修理、调整、焊接、清扫等，有分散注意力的行为等。

（7）未穿戴劳动防护用品。在必须使用劳动防护用品、用具的作业场所忽视其作用等。

（8）不安全装束。在有旋转零件的设备旁作业穿过肥、过大的服装，操纵带有旋转部件的设备时戴手套，女员工操作机器时长发不盘起来等。

三、物的不安全状态的事故隐患治理

物的不安全状态指引起当次事故或者对当次事故的发生有重要影响的物的状态，它由人的不安全行为产生或者习惯性行为激活，其控制包括声、光、力、电、热、磁、化学、生物等机制。同样，要识别物的不安全状态，就要明确物的不安全状态包括哪些因素，以及如何划分这些因素的层次。依据“2-4”模型，物的不安全状态依据其是否存在违章、是否曾造成事故和是否具有高风险，分为3个子类，即违章型的物的不安全状态、不违章但曾触发事故的物的不安全状态、不违章也未曾触发事故但具有高事故风险的物的不安全状态，识别方法见表3—2。利用该方法，通过日常的安全检查和事故隐患排查，及时发现生产设备所存在的事故隐患，及时报告并采取措施消除事故隐患，实现安全生产“零事故”。

表3—2　　物的不安全状态的类型及识别方法

	违章	不违章但曾触发事故	不违章未曾触发事故但高风险
物的不安全状态	违章的物的不安全状态	不违章但引起事故的不安全操作	不违章、未引起事故但高风险的物的不安全状态
识别依据	根据规章	根据规章和事故案例	根据规章、事故案例和风险评估

强化现场设备管理是安全生产工作的关键之一，把设备的事故隐患及安全操作的事故苗头消灭在萌芽状态是设备管理的重中之重。因此搞好设备管理，除了保障设备的安全质量外，还要把设备管理重心放在操作人员自身素质的管理上，加强操作人员遵章守纪、规范操作、设备及时保养维护和按时巡回检查情况的执行力管理，对设备运行情况和设备运转记录的填写定期进行检查，发现问题及时整改，保障设备的完好。

设备的完好，指设备组成的各个系统通过安全管理使之能够在一定的时间内正常运转。设备在使用中，经常会出现各种故障，这些故障往往是由一些不易被发现的小故障积累而成的，而小故障往往是由润滑保养不到位引起的。这些小故障很隐蔽，就是专职检修人员在施工现场值班巡查，有时也难以发现，最终导致停机、停产。不管是大故障还是小故障，都会给生产造成影响。因此，加强设备的现场管理和保养维修工作，不仅要求操作人员和维修人员及管理人员协调配合好，还要求设备操作人员更积极地参与设备的管理和维修工作。

加强设备保养和维修，提高设备完好率在事故隐患排查中具有重要意义。现在企业使用的生产设备大都是连续、高速的自动化设备，一旦出现故障停机，会引起整条生产线的停顿，给企业造成巨大经济损失。因此，最大限度地保障设备的高效运行，实施设备的安全管理是一种积极主动的杜绝事故隐患行为。加强设备安全排查，从源头抓起是保证生产经营零事故的最有效途径。

四、消除习惯性不安全行为事故隐患

习惯性不安全行为包含安全知识、安全意识、安全习惯、安全心理和安全生理 5 个方面，可从这 5 个方面进行事故隐患排查与治理。

安全知识的欠缺是由于掌握的知识不足或掌握的知识有误造成的；安全意识的欠缺主要是发现和消除隐患能力的不足或对隐患的重视程度不够导致的；安全习惯欠缺既包括习惯性违章，也包括不违章但习惯不佳的行为；安全生理欠缺主要是指行为主体个人身体方面（视觉、听觉、生理学参数等）的缺陷；安全心理欠缺包括存在侥幸心理的“明知故犯”“省时或省能”心理造成的冒险作业行为。

五、消除安全管理体系层面的事故隐患

可以从安全管理体系层面进行诊断，从管理层面识别和治理不足之处和漏洞，预防事故的发生。安全管理体系是职业健康安全管理体系（Occupational Health and Safety Management System，OHSMS）的简称，指按照管理体系标准（如 OHSAS 18000、ILO—2001、GB/T 28000 等标准）建立的安全管理体系，含安全指导思想（安全方针）、安全管理组织结构、体系文件（包含程序文件和作业指导书）等内容。在事故隐患识别过程中，要重点关注程序文件的建立及执行情况，即建立与否、建立完善与否（哪里存在不完善即为原因）、建立的程序文件存在欠缺与否（哪里存在欠缺即为原因）。主要表现为组织行为指导个人作业行为，个人作业行为遵从于组织所制定的安全管理体系，并且其岗位行为将按照安全管理体系中制定的程序文件和作业指导书进行。

六、消除安全文化层面的事故隐患

安全文化的概念最先由国际核安全咨询组（INSAG）于 1986 年针对苏联切尔诺贝利核泄漏事故，在 INSAG-1（后更新为 INSAG-7）报告中提到“苏联核安全体制存在重大的安全文化的问题”。1991 年出版的（INSAG-4）报告即给出了安全文化的定义：安全文化是存在于单位和个人中的种种素质和态度的总和。文化是人类精神财富和物质财富的总称，安全文化和其他文化一样，是人类文明的产物，企业安全文化是为企业生产、生活、生存活动提供安全生产的保证。

安全文化的要素可包括安全理念的充分性和系统性、安全文化元素的理解或接受程度、安全文化载体的建设情况、安全管理体系的质量、安全培训质量、员工违章状况、物态隐患排查情况、事故统计工作的质量和安全业绩（事故的多少）基本状况共 9 个层面，可从这 9 个层面入手，诊断企业安全文化的薄弱环节或不足之处，并予以纠正和消除。

第二节　现场事故隐患排查

一、企业事故隐患排查的基本方法和内容

1. 企业事故隐患排查基本方法

选用哪种事故隐患排查方法，要根据分析对象的性质、特点、寿命的不同阶段和分析人员的知识、经验和习惯来定。常用的事故隐患排查的方法有以下两种：

（1）直观经验分析方法

1）对照、经验法。对照、经验法是对照有关标准、法规、检查表或依靠分析人员的观察分析能力，借助于经验和判断能力对企业的危险、有害因素进行分析的方法。

2）类比方法。类比方法是利用相同或相似工程系统或作业条件的经验和安全生产的统计资料来类推、分析企业的危险、有害因素。

（2）系统安全分析方法。系统安全分析方法是应用系统安全工程评价中的某些方

法进行危险、有害因素的辨识，常用于复杂、没有事故经验的新开发系统。常用的系统安全分析方法有事件树、事故树等。

2. 企业现场事故隐患排查的主要内容

（1）厂址。从工程地质、地形地貌、水文、自然灾害、周边环境、气象条件、交通运输条件、消防支持等方面进行分析。

（2）厂区平面布局

1）总图。主要包括：功能（生产、管理、辅助生产、生活区）分区布置，高温、有害物质、噪声、辐射、易燃易爆危险品设施布置，工艺流程布置，建筑物、构筑物布置，朝向、风向、防火间距、安全距离、卫生防护距离等。

2）运输线路及码头。主要包括厂区道路、厂区铁路、危险品装卸区、厂区码头等。

（3）建（构）筑物。主要包括耐火等级、结构、防火、防爆、安全疏散、朝向、采光、运输通道等。

（4）生产工艺过程。主要包括物料（毒性、腐蚀性、燃爆性物料）、温度、压力、速度、作业及控制条件、事故及失控状态等。

（5）生产设备、装置

1）化工设备、装置。主要包括高温、低温、腐蚀、高压、振动、关键设备、控制、操作、检修和故障、失误时的紧急异常情况等。

2）机械设备。主要包括运动零部件和工件、操作条件、检修作业、误运转和误操作等。

3）电气设备。主要包括断电、触电、火灾、爆炸、误运转和误操作、静电、雷电等。

4）危险性较大设备、高处作业设备等。

5）特殊单体设备、装置。主要包括锅炉房、乙炔站、氧气站、石油库、危险品库等。

6）粉尘、毒物、噪声、振动、辐射、高温、低温等有害作业环境。

7）管理设施、事故应急抢救设施和辅助生产、生活卫生设施等。

二、现场事故隐患排查中的不安全行为的危害性

1. 不安全行为的分类

《企业职工伤亡事故分类》(GB 6441—1986)中将不安全行为定义为能造成事故的人为错误。不安全行为包括组织和个人两方面的内容，但一般是就个人而言，包括不安全习惯和不安全动作两部分，可通过针对性训练、培训、提醒、检查等解决。

(1)《企业职工伤亡事故分类》的分类。根据《企业职工伤亡事故分类》，不安全行为可划分为13类：①操作错误，忽视安全，忽视警告；②造成安全装置失效；③使用不安全设备；④手代替工具操作；⑤物体（指成品、半成品、材料、工具、切屑和生产用品等）存放不当；⑥冒险进入危险场所；⑦攀、坐不安全位置（如平台护栏、汽车挡板、吊车吊钩）；⑧在起吊物下作业、停留；⑨机器运转时加油、修理、检查、调整、焊接、清扫等工作；⑩有分散注意力行为；⑪在必须使用个人防护用品用具的作业或场合中，忽视其使用；⑫不安全装束；⑬对易燃、易爆等危险物品处理错误。

(2)《生产过程危险和有害因素分类与代码》(GB/T 13861—2009)的分类。根据《生产过程危险和有害因素分类与代码》，把危险和有害因素分为人、物、环境、管理4个因素。其中，人的因素又分为心理、生理性危险和有害因素，行为性危险和有害因素。行为性危险和有害因素又分为：①指挥错误，包括指挥失误、违章指挥以及其他指挥错误；②操作错误，包括误操作、违章作业以及其他操作错误；③监护失误；④其他行为性危险和有害因素，包括脱岗等违反劳动纪律行为。

(3) 杜邦公司对不安全行为的分类。美国知名企业杜邦公司采用行为观察法，得出导致事故的原因比率，不安全行为分别为：个人防护装备PPE（12%）、程序（11%）、人员的姿势（30%）、工具（20%）、设备（8%）、生产程序与秩序（12%）和其他因素造成的伤害总数（4%）。

(4) 其他分类。另外，也存在多种说法，如有人将不安全行为分为有意不安全行为和无意不安全行为两类。

有意不安全行为是指有目的、有意图、明知故犯的不安全行为，对危险发生的可能性估计不当，心存侥幸，在避免风险和获得利益之间做出了错误的选择。有意不安全行为的共同特点是“冒险”。

无意不安全行为是指非故意的或者无意识的不安全行为。这类错误一般由感知失

误、生理机能缺陷、知识经验欠缺、操作技能不够等导致，可通过系统分析个体不安全行为能力的方法，预先发现问题，通过改善工作环境、加强安全培训、营造安全氛围等控制员工的不安全行为。

2. 不安全行为和动作的危害性

导致事故的直接原因是人的不安全行为和物的不安全状态的时空耦合，事物之间存在着复杂的关联性，一次不经意的小疏忽，一次不在意的小违章，在特定的时间点和环境下，便可引发伤害事故。无数次的事故案例显示，诸如安全帽的带子没有系好、一个螺丝没上紧等小的细节，导致了一系列的连锁反应，逐渐影响整个安全生产系统的平衡，进而造成严重的后果。在安全上，任何一个环节出现小差错，都可能引发大的问题。哪怕是1%的错误，带来的将是整件事情的扭转，甚至是100%的失败。

2016年5月24日17点35分，某单位焊管车间生产线带班班长杨某发现生产线停电，便通知电气班班长贺某，贺某打电话安排电工于某去检查停电原因，于某于18时来到该厂区焊管车间东北角箱式变电站，进入箱式变电站，打开左侧高压门时发生触电，造成于某死亡。经过对事故原因的调查分析，认定这是一起安全生产责任事故。电工于某在检查生产车间停电原因时，未戴绝缘手套，未穿绝缘靴，未经允许擅自打开箱式变电站高压部分（10 kV）导致其触电死亡，是这起事故发生的直接原因。

人容易产生违章省能心理，如对微小的不安全动作的危害性认识不到位，认为小事不重要，殊不知大错正是出于小处，小处更需用心，才不至于让小错误铸成大事故。工作中有一种“大错不犯、小错不断”的员工，不重视安全，更不把细节当回事，常犯小错误。如果让小错误一直错下去，大错误就在所难免，大事故也就必然会发生。

2016年5月14日18时55分，某仓储装卸服务有限公司工人王某在某粮油食品工业有限公司油厂糠房传输机下方清理进料口，工友李某在未关闭传输机电源的情况下直接接通电源，导致传输机钢丝绳断裂，传输机坠落砸中王某头部，被送往医院急救，经治疗无效于2016年5月21日10时55分死亡。

事故的直接原因：从业人员王某违反安全管理规定在传输机下作业；从业人员李某违反安全操作规程在传输机启动开关未关闭情况下直接接通电源，致使传输机钢丝绳断裂，传输机下坠砸伤王某，导致该起事故的发生。

事故的间接原因：某仓储装卸服务有限公司安全生产主体责任落实不到位，安全生产规章制度不健全。对从业人员安全教育不到位，现场的安全管理不得力。

要避免大错误，最好的方法就是减少小错误和违章，及时辨识、排查出人的不安全行为并予以纠正，减小“事故三角形”底部的大量违章现象，即可有效遏制伤害事故的发生。斩断小错误累积成大错误的链条，隔断事故发生的必然性，就能免受事故的侵害。

三、依据标准规范确定现场事故隐患排查内容

1.《生产过程危险和有害因素分类与代码》（GB/T 13861—2009）的主要内容

依据《生产过程危险和有害因素分类与代码》将生产过程中的危险和有害因素分为人的因素、物的因素、环境因素和管理因素共4类，可依据分类形成系统的事故隐患排查或安全检查方案，进行事故隐患排查工作。

（1）人的因素

1）心理、生理性危险和有害因素：

①负荷超限。主要包括体力负荷超限（指易引起疲劳、劳损、伤害等的负荷超限）、听力负荷超限、视力负荷超限和其他负荷超限。

②健康状况异常。

③从事禁忌作业。

④心理异常。主要包括情绪异常、冒险心理、过度紧张和其他心理异常。

⑤辨识功能缺陷。主要包括感知延迟、辨识错误和其他辨识功能缺陷。

⑥其他心理、生理性危险和有害因素。

2）行为性危险和有害因素：

①指挥错误。主要包括指挥错误、指挥失误（包括生产过程中各级管理人员的指挥）、违章指挥和其他指挥错误。

②操作错误。主要包括误操作、违章操作和其他操作错误。

③监护失误。

④其他行为性危险和有害因素（包括脱岗等违反劳动纪律行为）。

（2）物的因素

1）物理性危险和有害因素：

①设备、设施、工具、附件缺陷。主要包括强度不够、刚度不够、稳定性差（抗倾覆、抗位移能力不够。包括重心过高、底座不稳定、支承不正确等）、密封不良（指密封件、密封介质、设备辅件、加工精度、装配工艺等缺陷以及磨损、变形、气蚀等造成的密封不良）、耐腐蚀性差、应力集中、外形缺陷（指设备、设施表面的尖角利棱和不应有的凹凸部分等）、外露运动件（指人员易触及的运动件）、操纵器缺陷（指结构、尺寸、形状、位置、操纵力不合理及操纵器失灵、损坏等）、制动器缺陷、控制器缺陷和设备、设施、工具、附件其他缺陷。

②防护缺陷。主要包括无防护装置、设施缺陷（指防护装置、设施本身安全性、可靠性差，包括防护装置、设施、防护用品损坏、失效、失灵等），防护不当（指防护装置、设施和防护用品不符合要求、使用不当。不包括防护距离不够），支撑不当（包括矿井、建筑施工支护不符合要求），防护距离不够（指设备布置、机械、电气、防火、防爆等安全距离不够和卫生防护距离不够等）和其他防护缺陷。

③电伤害。主要包括带电部位裸露（指人员易触及的裸露带电部位）、漏电、静电和杂散电流、电火花和其他电伤害。

④噪声。主要包括机械性噪声、电磁性噪声、流体动力性噪声和其他噪声。

⑤振动危害。主要包括机械性振动、电磁性振动、流体动力性振动和其他振动危害。

⑥电离辐射。主要包括 χ 射线、γ 射线、α 粒子、β 粒子、中子、质子、高能电子束等。

⑦非电离辐射。主要包括紫外辐射、激光辐射、微波辐射、超高频辐射、高频电磁场、工频电场。

⑧运动物伤害。主要包括抛射物，飞溅物，坠落物，反弹物，土、岩滑动，料堆（垛）滑动，气流卷动和其他运动物伤害。

⑨明火。

⑩高温物体。主要包括高温气体、高温液体、高温固体和其他高温物体。

⑪低温物体。主要包括低温气体、低温液体、低温固体和其他低温物体。

⑫信号缺陷。主要包括无信号设施、信号选用不当、信号位置不当、信号不清、信号显示不准和其他信号缺陷。

⑬标志缺陷。主要包括无标志、标志不清晰、标志不规范、标志选用不当、标志

位置缺陷和其他标志缺陷。

⑭有害光照。

⑮其他物理性危险和有害因素。

2）化学性危险和有害因素：

①爆炸品。

②压缩气体和液化气体。

③易燃液体。

④易燃固体、自然物品和遇湿易燃物品。

⑤氧化剂和有机过氧化物。

⑥有毒品。

⑦放射性物品。

⑧腐蚀品。

⑨粉尘与气溶胶。

⑩其他化学性危险和有害因素。

3）生物性危险和有害因素：

①致病微生物。主要包括细菌、病毒、真菌和其他致病微生物。

②传染病媒介物。

③致害动物。

④致害植物。

⑤其他生物性危险和有害因素。

（3）环境因素。环境因素包括室内、室外、地上、地下（如隧道、矿井）、水上、水下等作业（施工）环境。

1）室内作业场所环境不良：

①室内地面滑，主要包括指室内地面、通道、楼梯被任何液体、熔融物质润湿，结冰或有其他易滑物等。

②室内作业场所狭窄。

③室内作业场所杂乱。

④室内地面不平。

⑤室内梯架缺陷。主要包括楼梯、阶梯、电动梯和活动梯架，以及这些设施的扶

手、扶栏和护栏、护网等。

⑥地面、墙和天花板上的开口缺陷。主要包括电梯井、修车坑、门窗开口、检修孔、孔洞、排水沟等。

⑦房屋地基下沉。

⑧室内安全通道缺陷。包括无安全通道、安全通道狭窄、不畅等。

⑨房屋安全出口缺陷。包括无安全出口、设置不合理等。

⑩采光照明不良、房屋安全出口缺陷。指照度不足或过强、烟尘弥漫影响照明等。

⑪作业场所空气不良。作业场所空气不良指自然通风差、无强制通风、风量不足或气流过大、缺氧、有害气体超限等。

⑫室内温度、湿度、气压不适。

⑬室内给、排水不良。

⑭室内涌水。

⑮其他室内作业场所环境不良。

2）室外作业场地环境不良：

①恶劣气候与环境。主要包括风、极端的温度、雷电、大雾、冰雹、暴雨雪、洪水、浪涌、泥石流、地震、海啸等。

②作业场地和交通设施湿滑。主要包括铺设好的地面区域、阶梯、通道、道路、小路等被任何液体、熔融物质润湿，冰雪覆盖或有其他易滑物等。

③作业场地狭窄。

④作业场地杂乱。

⑤作业场地不平。包括不平坦的地面和路面，有铺设的、未铺设的、草地、小鹅卵石或碎石地面和路面。

⑥航道狭窄、有暗礁或险滩。

⑦脚手架、阶梯和活动梯架缺陷。主要包括这些设施的扶手、扶栏和护栏、护网等。

⑧地面开口缺陷。主要包括升降梯井、修车坑、水沟、水渠等。

⑨建筑物和其他结构缺陷。包括建筑中或拆毁中的墙壁、桥梁、建筑物；筒仓、固定式粮仓、固定的槽罐和容器；屋顶、塔楼等。

⑩门和围栏缺陷。包括大门、栅栏、畜栏和铁丝网等。

⑪作业场地基础下沉。

⑫作业场地安全通道缺陷。包括无安全通道、安全通道狭窄、不畅等。

⑬作业场地安全出口缺陷。包括无安全出口、设置不合理等。

⑭作业场地光照不良，指光照不足或过强、烟尘弥漫影响光照等。

⑮作业场地空气不良，指自然通风差或气流过大、作业场地缺氧、有害气体超限等。

⑯作业场地温度、湿度、气压不适。

⑰作业场地涌水。

⑱其他室外作业场地环境不良。

3）地下（含水下）作业环境不良（不包括以上室内室外作业环境已列出的有害因素）：

①隧道/矿井顶面缺陷。

②隧道/矿井正面或侧壁缺陷。

③隧道/矿井地面缺陷。

④地下作业面空气不良。主要包括通风差或气流过大、缺氧、有害气体超限等。

⑤地下火。

⑥冲击地压。冲击地压指井巷（采场）周围的岩石（如煤体）等物质在外力作用下产生的变形能，当力学平衡状态受到破坏时，瞬间释放，将岩体、气体、液体急剧、猛烈抛（喷）出造成严重破坏的一种井下动力现象。

⑦地下水。

⑧水下作业供氧不当。

⑨其他地下（含水下）作业环境不良。

4）其他作业环境不良：

①强迫体位。强迫体位指生产设备、设施的设计或作业位置不符合人类工效学要求，而易引起作业人员疲劳、劳损或事故的一种作业姿势。

②综合性作业环境不良。显示有两种以上作业环境致害因素，且不能分清主次的情况。

③以上未包括的其他作业环境不良。

（4）管理因素

1）职业安全卫生组织机构不健全。包括组织机构的设置和人员的配置。

2）职业安全卫生责任制未落实。

3）职业安全卫生管理规章制度不完善：

①建设项目“三同时”制度未落实。

②操作规程不规范。

③事故应急预案及响应缺陷。

④培训制度不完善。

⑤其他职业安全卫生管理规章制度不健全。包括隐患管理、事故调查处理等制度不健全。

4）职业安全卫生投入不足。

5）职业健康管理不完善。

6）其他管理因素缺陷。

2.《企业职工伤亡事故分类标准》（GB 6441—1986）的主要内容

参照《企业职工伤亡事故分类标准》，综合考虑起因物、引起事故的诱导性原因、致害物、伤害方式等，可将危险和有害因素分为20类，据此分类形成系统的事故隐患排查或安全检查方案，进行事故隐患排查工作。

（1）物体打击。物体打击是指物体在重力或其他外力的作用下产生运动，打击人体，造成人身伤亡事故，不包括因机械设备、车辆、起重机械、坍塌等引发的物体打击。

（2）车辆伤害。车辆伤害是指企业机动车辆在行驶中引起的人体坠落和物体倒塌、下落、挤压伤亡事故，不包括起重设备提升、牵引车辆和车辆停驶时发生的事故。

（3）机械伤害。机械伤害是指机械设备运动（静止）部件、工具、加工件直接与人体接触引起的夹击、碰撞、剪切、卷入、绞、碾、割、刺等伤害，不包括车辆、起重机械引起的机械伤害。

（4）起重伤害。起重伤害是指各种起重作业（包括起重机安装、检修、试验）中发生的挤压、坠落、（吊具、吊重）物体打击和触电。

（5）触电。触电包括雷击伤亡事故。

（6）淹溺。淹溺包括高处坠落淹溺，不包括矿山、井下透水淹溺。

（7）灼烫。灼烫是指火焰烧伤、高温物体烫伤、化学灼伤（酸、碱、盐、有机物引起的体内外灼伤）、物理灼伤（光、放射性物质引起的体内外灼伤），不包括电灼伤和火灾引起的烧伤。

（8）火灾。

（9）高处坠落。高处坠落是指在高处作业中发生坠落造成的伤亡事故，不包括触电坠落事故。

（10）坍塌。坍塌是指物体在外力或重力作用下，超过自身的强度极限或因结构稳定性破坏而造成的事故，如挖沟时的土石塌方、脚手架坍塌、堆置物倒塌等，不适用于矿山冒顶片帮和车辆、起重机械、爆破引起的坍塌。

（11）冒顶片帮。

（12）透水。

（13）放炮。放炮即爆破，是指爆破作业中发生的伤亡事故。

（14）火药爆炸。火药爆炸是指火药、炸药及其制品在生产、加工、运输、储存中发生的爆炸事故。

（15）瓦斯爆炸。

（16）锅炉爆炸。

（17）容器爆炸。

（18）其他爆炸。

（19）中毒和窒息。

（20）其他伤害。

四、事故隐患排查工作要精细化

美国一家大公司非常重视安全工作，不管召开任何会议他们都有一个惯例，正式开会之前主持人一定会先向大家介绍会场建筑的安全出口，而且在会议室里还有一张特殊的椅子，上面罩着一个红布套，套子上写着“如有紧急情况请跟我来”。这张椅子不是每个人都可以坐的，只有非常熟悉所在楼道情况的人才有资格坐。公司还规定：上下楼梯必须扶扶手，在办公室里不准奔跑，铅笔芯要朝下插在笔筒内，喝水时手里不许把玩东西。这些规定看起来是安全管理中的“细节”，殊不知，就是这些不起眼的“细节”造就了“员工在工作场所比在家里安全十倍”的神话，这就是享有全球最安全公司美称之一的杜邦公司。

杜邦公司抓住了安全管理中的细节，造就了世界一流的安全企业。安全生产是人命关天的大事，任何时候都疏忽不得，松懈不得，抓安全必须抓细节。一个麻痹大意，一个侥幸心理，都可能会造成大事故，大问题都藏在小细节里。所以要保障安全，企业必须将安全管理精细化，杜绝任何形式的违章，保证安全生产。

某员工巡回检查时发现高压停车后高压管道内的压力下降较快，然后检查地面部分的阀门未发现有异常，判断是地下高压管沟内高压管道出现泄漏现象，便第一时间将这一情况向安全管理人员做了汇报，这件事立即引起了有关人员的高度关注。安全管理人员当即召集生产、安全等相关人员来到现场，经过现场实地查看后，确定了消除事故隐患的方案，及时将这一重大事故隐患排除，避免了公司更多的经济损失，更重要的是避免了一次重大安全生产事故的发生。

上述是能及时发现事故隐患并进行事故隐患治理的正面案例，然而下面的经典案例就以惨痛的事故伤害警示了无视点点滴滴的事故隐患会造成悲剧结果。

巴西海顺远洋运输公司门前立着一块高 5 m、宽 2 m 的石头，上面密密麻麻地刻满了葡萄牙语。以下就是石头上所刻的文字：

当巴西海顺远洋运输公司派出的救援船到达出事地点时，“环大西洋”号海轮已经消失了，21 名船员不见了，海面上只有一个救生电台有节奏地发着求救的摩氏码。救援人员看着平静的大海发呆，谁也想不明白在这个海况极好的地方到底发生了什么，从而导致这条最先进的船沉没。这时有人发现电台下面绑着一个密封的瓶子，打开瓶子，里面有一张纸条，21 种笔迹，上面这样写着：

一水理查德：3 月 21 日，我在奥克兰港私自买了一个台灯，想给妻子写信时照明用。

二副瑟曼：我看见理查德拿着台灯回船，说了句这个台灯底座轻，船晃时别让它倒下来，但没有干涉。

三副帕蒂：3 月 21 日下午船离港，我发现救生筏施放器有问题，就将救生筏绑在架子上。

二水戴维斯：离港检查时，发现水手区的闭门器损坏，用铁丝将门绑牢。

二管轮安特耳：我检查消防设施时，发现水手区的消火栓锈蚀，心想还有几天就到码头了，到时候再换。

船长麦凯姆：起航时，工作繁忙，没有看甲板部和轮机部的安全检查报告。

机匠丹尼尔：3 月 23 日上午理查德和苏勒的房间消防探头连续报警。我和瓦尔特进去后，未发现火苗，判定探头误报警，将其拆掉并交给惠特曼，要求换新的。

机匠瓦尔特：我就是瓦尔特。

大管轮惠特曼：我说正忙着，等一会儿拿给你们。

服务生斯科尼：3 月 23 日 13 点到理查德房间找他，他不在，坐了一会儿，随手开了他的台灯。

大副克姆普：3 月 23 日 13 点半，带苏勒和罗伯特进行安全巡视，没有进理查德和苏勒的房间，说了句“你们的房间自己进去看看”。

一水苏勒：我笑了笑，也没有进房间，跟在克姆普后面。

二水罗伯特：我也没有进房间，跟在苏勒后面。

机电长科恩：3 月 23 日 14 点我发现跳闸了，因为这是以前也出现过的现象，没多想，就将闸合上，没有查明原因。

三管轮马辛：感到空气不好，先打电话到厨房，证明没有问题后，又让机舱打开通风阀。

大厨史若：我接马辛的电话时，开玩笑说，我们在这里有什么问题？你还不来帮我们做饭？然后问乌苏拉：“我们这里都安全吧?”

二厨乌苏拉：我回答，我也感觉空气不好，但觉得我们这里很安全，就继续做饭。

机匠努波：我接到马辛的电话后，打开通风阀。

管事戴思蒙：14 点半，我召集所有不在岗位的人到厨房帮忙做饭，晚上会餐。

医生莫里斯：我没有巡诊。

电工荷尔因：晚上我值班时跑进了餐厅。

最后是船长麦凯姆写的话：19 点半发现火灾时，理查德和苏勒的房间已经烧穿，一切糟糕透了，我们没有办法控制火情，而且火越来越大，直到整条船上都是火。我们每个人都犯了一点错误，但酿成了船毁人亡的大错。

看完这张绝笔纸条，救援人员谁也没说话，海面上死一样的寂静，大家仿佛清晰地看到了整个事故的过程。

巴西海顺远洋运输公司的警示方式很有效，此后的 40 年，这家公司再没有发生一起海难。可见，对于事故隐患排查中发现的小问题要立即整改，才能根治事故隐患，杜绝危险。

五、建立严格的安全生产台账管理制度并切实执行

安全生产台账又称安全管理台账或安全台账，是反映一个单位安全生产管理的整体情况的资料记录。加强安全生产台账管理不仅可以反映安全生产的真实过程和安全生产管理的实绩，而且为解决安全生产中存在的问题，强化生产安全控制、完善安全生产管理制度提供了重要依据，是规范安全生产管理、夯实安全生产基础的重要手段。因此，安全生产台账不是一个可有可无的台账，及时、认真、真实地建立安全生产台账，是一个单位整体管理水平和管理人员综合素质的体现。

1. 安全生产台账的主要内容

（1）安全生产责任书（与主管单位及内部各班组签订的安全生产目标管理责任书、合同）。

（2）安全生产机构设置的文件（领导小组、安全生产管理组织等）。

（3）安全生产管理制度（安全生产责任制、安全技术措施计划、安全生产教育、安全生产定期检查、伤亡事故的调查和处理制度），企业注册安全工程师、安全员、班组长等岗位职责。

（4）上级有关安全生产管理部门制定和下发的制度性文件、通知、通报等。

（5）安全生产宣传教育培训、学习、活动资料。

（6）安全生产检查资料。

（7）安全生产会议记录。

（8）全员花名册，特种作业人员花名册。

（9）新工人（含实习工和临时工）三级安全教育。

（10）机械、电气等设备管理资料。

（11）安全生产技术交底资料。

（12）爆破物品管理台账。

（13）事故应急预案、事故记录和报告资料，生产安全事故调查处理材料。

（14）安全设施和劳动防护用品购买、发放登记台账。

2. 执行安全生产台账制度对于事故隐患排查与治理的重要意义

（1）是安全生产工作开展情况再现和发现日常运营中的事故隐患的手段。安全生产各项工作是一个动态过程，做过的工作一晃即逝，只有将安全生产工作的活动过程

通过台账的文字、图片来进行详细反映，才能再现安全生产工作中各项管理活动的具体情况。可以说安全生产管理工作的各项具体活动、采取的各项措施以及产生的成效，仅仅靠现场是不能够完整地反映出来的，只能由台账和现场相结合来反映。

（2）是企业规范管理和避免事故隐患的需要。随着社会经济的发展和安全生产工作力度的不断加大，对生产经营单位的安全生产条件的要求也越来越高，安全生产作为规范化管理的一项重要内容贯穿于企业的生产经营活动之中。安全生产台账能将安全生产工作的各类资料有序地归纳，为安全生产工作持续开展提供基础。

3. 做好台账的基本要求

（1）企业负责人要真正从思想上重视。建立台账看上去很简单，真正想做好也很不容易，需要投入一定的人力和物力。

（2）负责台账的工作人员要有恒心和毅力，坚持注重点滴积累，积少成多，保证台账内容的充实。

（3）安全生产管理人员要经常性地深入到生产一线，对安全生产信息要及时收集整理，不能拖延。对排查出的事故隐患，不论大小都要重视，都要及时处理和登记。

4. 做好台账的基本原则

（1）要真实。对台账中收集的信息、数据必须是真实的，如果作假，就失去了建立台账的意义。

（2）要及时。坚持按时记录安全生产相关的数据、措施，时间要准确，尤其是一些化工生产企业在时间的要求上一定要严格。

（3）要规范。台账资料的记载要规范和分类，该记载什么内容的就记载什么内容，而不能乱记，否则既不便于查找，也不利于归纳和总结。

5. 台账内容设置的关键点

通过安全生产台账可体现安全生产管理制度的落实情况，因此台账内容的设置要反映事故隐患排查和控制的关键点：

（1）把需要控制的安全对象的范围全部包括在内，不能有遗漏。比如制订用户安全生产检查计划时，就要把当年需要安全生产检查的全部用户都包括在内，无漏户，这就要通过编制人员签字使其负起相应的责任。

（2）把责任制的落实体现在台账中。比如上述安全生产检查计划编制后，就要把全部任务分解，落实到每一个安全生产检查员头上，这点可以通过安全生产检查员签字实现，签字是一个告知任务和明确确认的过程，同时签字是有法律效力的。

(3) 台账的内容要记录控制过程的全部事项。例如燃气企业用户安全生产检查台账，就要包括安全生产检查过程中会发生的全部情况，包括入户正常安全生产检查户、入户事故隐患整改户、不能当时整改下事故隐患通知单户、各种原因未入户等，根据实际需要，有的只需要汇总户数，而有的需要明细记录，记载每户燃气表、户内管道、阀门、连接胶管等各项安检情况的用户安检表，上面必须有用户对安检正常的确认签字。

(4) 台账的设置还要体现安全控制的重点，如用户安全生产检查中，对于存在事故隐患的用户要建立明细账，同时跟踪记录整改复查过程，要有相关责任人签字。

(5) 台账的设置还要遵循从简原则，繁简结合，提高安全生产基础管理的效率。

综上所述，通过台账管理，还可以体现每个操作人员的实际安全工作状况，为安全生产提供具体的依据，为企业安全生产的量化管理打下基础。

小陈是一家工厂的班组长，他对做好工作台账有着深刻的感受。他曾经回忆道——在我所管辖的班组醒目的位置上，放着一本崭新的安全管理台账，是它使我明白：安全责任是什么。

那还是几年前的事，那时我刚当上班长不久，就接到通知，有关领导要来检查我们班组的安全管理，给我们申报公司安全文明班组。我激动万分，这是对我这一年班长工作的充分肯定啊。我生怕有什么差错，把班组那本久未看过的安全管理台账又翻了翻，台账的封皮破了，里面的字迹也显得潦草了些，还有的记录还没来得及写完……这怎么能给领导们看呢？想到这儿，我就把管理台账偷偷地带了回去，准备重新补一本。

为了把台账做得漂亮点，我特地买了豪华记录本，然后请了几个写字漂亮的朋友，按不同的日期重新抄了一遍。看着这本崭新的台账，我仿佛看到了领导们的赞赏。一周后，有关领导前来检查，我怀着忐忑不安的心情站在一旁，等领导提问。“你单位P-208泵烧毁，作为班长你应怎么处理?”“装置硫化氢报警仪突然高报，你们应该怎样应急?”我有条不紊地回答着，七八个问题过后，领导的脸上露出笑容。

突然，我观察到领导的笑容凝固了，其中一位科长问我：

“这个管理台账是去年的吗?”我连忙称是。“那怎么会用上个月才出的笔记本誊写?”我看着领导指的笔记本的生产日期，一下子傻了……

事后，领导把我叫了去，认真听取了我的解释后，和蔼地对我说：“安全管理台账不是一本漂亮的摆设，我们之所以建这个台账，就是希望通过吸取兄弟单位血的教训以及学习各种技能，增强大家面对事故的应变能力和保护自己和同事、保护国家财产的能力。如果这些流于形式，那付出的将是血的代价，作为班长，你应该知道身上的责任。”

从此，看到这本小小的班组安全台账，我就会提醒自己：时刻注意安全生产，保护企业乃至班组员工的利益不受损失。

6. 台账管理制度的目的

要建立事故隐患排查与治理台账管理制度并认真执行，其目的在于：

（1）一个事故隐患一份责任，切实提高各级管理人员“事故隐患就是责任，事故隐患就是事故”的理念，加大责任追究。

（2）对存在的事故隐患必须定期落实整改，彻底改变整改中久拖不改的问题。

（3）对同类事故隐患进行举一反三，总结教育和经验，避免类似事故隐患再次发生。如果类似事故隐患再次发生，则加重对责任人和当事人的处罚。

（4）自我排查事故隐患的范围涵盖本单位生产的所有环节、所有过程和所有人员，避免出现安全生产管理的死角和盲点。

（5）可以对事故隐患进行闭环管理，真正把事故隐患排查与治理工作落实到位。

六、严格落实交接班制度

为了企业的安全生产，国家、地方和企业制定了很多规程和规章制度，这些规程和制度都非常重要，很多都是用无数从业人员的鲜血换来的，而交接班制度就是企业安全生产重要管理制度之一。

1. 交接班制度的重要作用

（1）执行好交接班制度能预防事故的发生。安全生产的管理方针是“安全第一，预防为主，综合治理”，可见预防事故是多么重要，怎么才能真正做到预防为主呢？当然方式和方法是多种多样的，而交接班制度是一个容易被忽视的环节。因为在进行了一个班次的工作后，无论是工人还是管理人员，一到下班时间，都迫不及待地要离开，交接班很容易做得敷衍了事，而这个心态和习惯往往容易导致违章、省能、交接班程序执行不到位等不安全行为的发生。严格执行交接班制度和交接程序，并做好台账记录，真正做到交代不清不接班，责任不明确不接班，事故隐患不处理不接班。交接班制度如果真正执行到位，便能有效预防事故的发生。

（2）执行好交接班制度能及时发现事故隐患。比如，本班在施工中出现了哪些异常情况？是否有未执行作业程序现象？是否存在不符合安全生产规程的操作？本班是否出现未遂事故现象？设备维修的细节有哪些？机电设备是否有检修等问题情况。这些情况只有在交接班时详细交接清楚，才能在下一班的工作中做到心中有数，才能及时发现并纠正可能在下一班工作中延续的错误或事故隐患，从而保证企业安全生产。

某企业发生一起采煤机设备事故。原因是上一班作业结束后，操作人员发现采煤机摇臂齿轮箱出现轻微异响，如果及时处理本属于小故障，但该操作人员未排除处理，交接班时也未给下一班人员交接这个事故隐患就下班了。接班人员接班后，启动采煤机不到 5 min，采煤机摇臂齿轮就发生强烈震动、过热并发出异常噪声，进而引发轴承故障，最后只得全部更换齿轮及轴承，使整个采煤工作面生产完全瘫痪，造成了巨大的经济损失。

在随后召开的事故责任追查会上，企业安全生产负责人认为，这个本该上一班处理的事故小隐患，因为交班人员的安全责任心不强，不但没能及时整改，也未给下一班人员说明，极不负责地将这个事故隐患“交给”了下一班，造成设备带“病”运行，从而发生了严重的设备事故。为此，上一班交班人员受到了严厉的责任追究。

2. 交班人员的工作内容

要落实交接班制度，交班人员必须做好以下几个环节的工作：

（1）做好交班前的巡回检查工作。当班职工在临近交班前，要给自己留出足够的时间对生产流程进行仔细的巡回检查。对存在的问题要进行积极整改，个人整改不了的要及时汇报，由领导组织相关人员进行事故隐患治理，以保证不把事故隐患带到下一个班次，为接班人员创造一个良好的生产条件。对那些一时解决不了的事故隐患，要主动采取有效的防范措施，并在交接记录上对事故隐患存在的部位、已经采取的防范手段和下一步要注意的事项进行详细记载，同时向上级管理部门和领导及时汇报，以保证事故隐患始终处于监控之中。

（2）做好交班前的工具、仪器、仪表等整理工作。当班职工在交班前要将本岗位的所有生产工具、仪器、仪表等擦洗干净。然后分类整齐摆放到相应位置，以保证生产工具、仪器、仪表的齐全、干净、完好。

（3）做好卫生清洁工作。对本岗位的生产环境各机械设备进行擦洗，做到窗户明亮、地面干净、场所整洁、设备无油污灰尘，同时还要打扫好本岗位责任区的卫生。

（4）做好报表填写工作。下班前要对当班生产报表进行工整、全面、真实的填写，对相关数据要进行认真核对，确保没有差错。

（5）做好向下一班人员的点交工作。在下一班人员来接岗时，交班人员不能急于离开岗位，而是要向接班人员认真细致地交代相关情况。不仅要交代本班次生产指标的完成情况，更要把生产运行过程中的设备和工艺流程的运行状况，包括出现的设备故障、维修处理情况、目前还存在的问题等向接班人员一一交代清楚。要和接班人员一起进行一次岗位巡回检查，对生产工具进行对号交代，特别注意事项以及交接情况要在交接班记录上详细记载，并由双方签名确认。

3. 接班人员的工作内容

接班人员必须做好以下几个环节的工作：

（1）问清楚。要向交班人员问清楚上一班次的岗位生产运行情况，有无遗留的生产问题和注意事项等。对交班人员交代的事情一定要弄清楚，没有听明白的要不怕麻烦，反复多问几遍，直到完全搞清楚为止。

（2）看仔细。对交班人员点交的事项不仅要听明白，更要实地看仔细，要让交班人员陪同自己进行一次全面的岗位巡回检查，包括班报表是否填写完整，场地和环境、设备卫生状况是否符合要求，工具、仪器、仪表等是否齐全整洁，流程运行是否正常等。特别是关键要害部门更是丝毫不能马虎，使听到的和看到的能够一致起来，做到对岗位设备和流程的运行情况心里有数。

（3）记准确。对上一班交代的事情要一一记录清楚，需要当班处理的要及时进行处理，需要当班汇报的要及时向主管部门汇报，需要当班注意的事项，不仅要自己注意，而且要再向下一班人员进行交代。如果不做好书面记录，就有可能造成遗忘，因此不仅要记录应该注意的事项，对于上一班遗留的问题更要记录详细清楚，交接双方签字确认，以此明确责任。

总之，生产岗位是安全的第一道防护线，也是安全工作的重中之重。交班不交事故隐患是工作良性循环的重要基础。

七、日常现场巡检事故隐患

顾名思义，日常现场巡检就是对相关设备进行日常巡视和检查，发现事故隐患及时尽可能地去安全处理。尤其对于高危行业，设备数量和种类相对较多，生产环环相扣，其中每一个事故隐患点若不及时处理，轻则影响该设备不能正常运行，重则影响周围相关区域大面积的正常生产，甚至造成人身伤害。

举例来说，在生产现场，对于一台正在运行的电机，可以通过日常巡检，用测声听棒和测温枪、钳形电流表准确地判断出该电机相关部位的运行声音、温度和运行电流是否正常。一旦出现不正常的声音、温度和电流，这台电机还继续“带病”运行，电机将会被烧坏，造成电机设备财产损失、影响相关生产进度。显而易见，如果我们及时、有针对性地继续查找与此有关联的部件是否出现了事故隐患，发现事故隐患后能及时处理，尽可能将该事故隐患处理在萌芽状态，就可以最大限度地减少该事故隐患带来的不必要损失。再如，电机的一个固定地脚螺丝没有按要求拧紧，电机持续运行一段时间后，有可能发热烧毁从而影响生产。就连一块略有缺失的电缆沟盖板，稍不注意，都有可能酿成人身伤害。这些看似不起眼的事故小隐患，在我们日常巡检中很容易被忽视，但它们却会毫不留情给我们带来损害和教训。

不仅如此，在日常巡检中若按要求巡检到位，发现了事故隐患，也不能任凭自己的侥幸心理忽略它。要有科学的安全工作方法、高度的责任心认真做好每一项日常巡检，及时处理每一个事故隐患，并做好日常巡检和处理事故隐患的文字记录，建立台账，以便相关人员通过这些记录、数据能更好地分析相关设备的运行状态、有效地制订和调整设备检修计划。

总之，只有设备长周期稳定运行，设备维护成本、生产成本才能得以下降，生产的正常运行才有更可靠的保障。因此，企业生产能否长周期稳定运行，企业的效益能否稳步提升与日常安全巡检息息相关。

加强现场巡视就是增强预防事故的主动性和可控性，全面掌握现场生产活动，及时发现事故苗头，消除事故隐患，防止重大事故发生。现场巡视的要求主要有以下3点：

（1）及时开展。现场巡视一定要及时进行，在问题出现之前就要发现它、解决它。

（2）突出重点。对重点问题进行深入探寻，其他不重要的问题则可暂时放到一边，或者另行安排人员来处理。

（3）巡检目的明确。在现场巡视之前，一定要明确去巡视什么，这样就能有效地发现并解决问题。比如，在工作中要巡视作业人员劳动防护用品是否正常佩戴，作业人员资质是否与设备上标志的相同，作业人员是否带病及疲劳作业，作业人员是否按照正常的作业程序进行作业，作业人员是否按照正确的工艺流程进行作业，半成品的码放是否符合要求，对于超重、贵重物品的移送是否符合标准，作业人员是否依照操作指导书的要求进行作业，作业人员离机时是否关机或调至自控状态。

八、“三违”隐患排查

1. “三违”是主要事故源头

从业人员遵章守纪，是实现安全生产的基础。因此，从业人员在生产过程中，不仅要有熟练的技术，而且必须自觉遵守各项操作规程和劳动纪律。海因里希法则明确指出：1 起重伤、死亡或重大事故的发生，背后有 29 起轻伤或故障事件，再背后有 300 个事故隐患或违章，即“金字塔”底的大量事故隐患或违章，才是我们预防事故的重要立足点，消除了事故隐患和减小了“三违（违章指挥、违章作业、违反劳动纪律）”的数量，也就降低了重伤、死亡或重大事故的发生概率。“2-4”模型也告诉我们，人的不安全行为、不安全动作是导致事故的主要原因。由此可见，所有的事故源头大多是一系列的“三违”作业，为了根治“三违”顽症，企业需要制定详细的安全生产规章制度和各项作业操作规程，开展各种形式的安全生产检查和丰富的安全生产宣传教育活动，成立安全环保监督管理部门并配备专职安全生产管理人员等制度，以便形成一道牢固的安全屏障。

（1）违章指挥。违章指挥主要是指生产经营单位的生产经营管理人员违反安全生产方针、政策、法律、条例、规程、制度和有关规定指挥生产的行为。违章指挥具体包括：生产经营管理人员不遵守安全生产规程、擅自变更制度和安全技术措施、安全工艺和操作程序，指挥者使用未经安全生产培训的劳动者或无专门资质认证的人员；生产经营管理人员指挥从业人员在安全防护设施或设备有缺陷、事故隐患未解决的条件下冒险作业；生产经营管理人员发现违章不制止等。

（2）违章作业。违章作业是指现场操作工人违反生产岗位的安全生产规章和制度，如安全生产责任制、安全操作规程、从业人员安全守则、安全用电规程、交接班制度等以及安全生产通知、决定等作业行为。比如不遵守施工现场的安全生产制度，进入施工现场不戴安全帽、高处作业不系安全带和不正确使用劳动防护用品；擅自动用机械、电气设备或拆改挪用设施、设备；随意爬脚手架和高空支架等。

（3）违反劳动纪律。违反劳动纪律是指工人违反生产经营单位的劳动规则和劳动秩序，即违反单位为形成和维持生产经营秩序、保证劳动合同得以履行，以及与劳动、工作紧密相关的其他过程中必须共同遵守的规则。如不履行劳动合同及违约承担的责任，不遵守考勤与休假纪律、生产与工作纪律、奖惩制度、其他纪律等。

2. 违章指挥的特点

（1）隐蔽性。由于违章指挥往往发生在领导层，一般不是直接违章，不易被人注意，特别不易被及时发现。如一名从业人员违章作业，某领导看见却不及时纠正，当这名从业人员因违章发生了事故，进行事故分析时，往往只强调从业人员违章，而对这位领导的责任不予追究。有些管理性违章的发生并不能导致事故的立即发生，因而在分析事故时，往往被人忽略。本质原因没有查清，教训不能及时吸取，这是导致事故重演、安全生产管理恶性循环的重要原因之一。

（2）顽固性。领导层的违章指挥同员工的违章作业一样，是由一定的心理定式支配的，并且是一种习惯性的动作方式，因而它具有顽固性、多发性的特点，往往不易纠正。只要支配性违章行为的心理定式不改变，习惯性动作方式不纠正，违章指挥就会反复发生，直到行为人受到事故的惩罚。

（3）诱导性。由于违章指挥多发生于领导层，所以一层影响一层。员工看班长，班长看主管，主管看项目经理……，级别越高影响越大。主管不重视安全生产，班长就更不重视；主管不纠正违章，班长也不愿去“得罪人”；班长不纠正违章，一般从业人员就会认为冒险作业是对的，这在无形中对一般从业人员安全生产起到了潜移默化的误导作用。时间一长，一般从业人员不但不把冒险作业当作违章，而且有时竟当成工作“经验”。从这个角度看，一般从业人员的违章作业源于领导的违章指挥，违章指挥不根除，违章作业也不可能杜绝。

（4）阻碍性。容易发生违章指挥的人，往往把自己错误的违章习惯，当成经验去固守、传播。而对新的安全生产思维方式、新的安全生产观念、新的安全生产管理机制，接受、理解能力差，对安全生产方面的新事物，抱着怀疑、观望的态度。违章指挥易发生于领导层，无论其职务高低，对生产人员来讲都属于领导，许多会议精神及新的安全生产思路、新的安全生产管理机制，都要靠这些人去贯彻落实。如果他们的安全生产思维不转变、安全观念不更新，势必会对安全生产新思维的运用和新的管理机制的贯彻落实，起到很大的阻碍作用。

因此，在事故隐患排查中，要勇于对违章指挥说“不”，更应该遵守规章制度，不违章操作，珍惜生命。领导层更应该认识违章指挥带来的危害，提高自己的安全生产知识，不做有事故隐患的指挥者。

3. 违章作业的根源

（1）侥幸心理。造成违章的直接原因之一，是违章者存有侥幸心理，一方面侥幸不会出事，另一方面侥幸不会被处罚。之所以产生侥幸心理，一是认识上的错误，认为违章不一定会出事；二是经验主义，认为以前这样干过，未发生问题，所以也不会造成事故，这种心理在一些经验丰富的班组长中常有表现；三是明知这种操作方法违章，但他们侥幸事故不一定就会被自己碰上，造成冒险违章。当然还有些违章者，侥幸认为违章只要不被安全生产管理人员知道，就不会被处罚，所以违一次章也没什么。

（2）习惯动作。习惯是一种重复性的、通常为无意识的日常行为规律，它往往通过对某种行为的不断重复而形成。有些常见的违章行为，是违章者本身就形成了这样的习惯，比如一上班就从师傅、同事那里学到了这种习惯，或者是自己在多年工作中养成了习惯，这些习惯深深根植于他们的潜意识当中，仅用显意识几乎无法改变。所以在工作中思想稍一放松，这些违章行为就会自然而然地发生。

（3）省能心理。部分工作，当按章作业和工作效率之间发生冲突的时候，一些人的重心倾向于片面追求工作效率，嫌做安全措施费时、麻烦，影响了工作的进度和效率，作业中总想越过某些规定走“捷径”，图“省事”“方便”，想怎么干就怎么干，怎么方便就怎么干，随意性很强，却把安全生产规程、措施统统忘到了脑后，养成了为节约时间和省事而违章作业的习惯。

（4）从众心理。从众是人的一种普遍心理，在作业现场如有人不遵守安全生产规章制度，发生违章行为又未受到及时制止，马上就会有人跟着干。即使有些成员知道这是违章行为，也会想到反正大家都是这样做的，自己这样做也无所谓。

（5）治违不力。个别管理人员反违章不力，对违章行为视而不见，见而不管，管而不严。如果管理人员怕得罪人，不敢抓，不敢管，更不敢考核，就不能从根本上杜绝违章。对违章除了批评教育外，还必须辅以经济考核，这样才能更有效地遏制，否则，发现违章行为不制止、不纠正、不处罚，其实质是对违章行为的认同、包庇和纵容。

4. “三违”产生的原因分析

(1) 有些企业领导干部没有牢固树立“安全第一”的思想。当生产、效益与安全发生矛盾时，往往是安全让路，违章指挥，心里明知道出事的严重后果，且清楚自己是安全生产的第一责任者，但在生产指标或经济效益的驱使下，找不到妥善处理的办法。

(2) 大部分违章者主要是由于嫌麻烦、图省事，特别是在办理作业票证中，由于涉及签字、落实措施人员较多，作业票办理周期长，导致工作效率比较低，因此铤而走险违章，不办理作业票证就进行作业。

(3) 从业人员的安全意识不强。由于用工制度的改变，现在企业的从业人员素质参差不齐，在工作中，图一时方便，抱着侥幸心理，明知是违章，仍然蛮干。

(4) 安全生产培训不到位。依据法律法规，从业人员在上岗前必须经过三级安全教育，必须经严格培训考核成绩合格后方可上岗。但实际上，仍存在安全教育培训流于形式，从业人员没有学到应有的安全知识，助长了“三违”现象的滋生，成为在现场的一大事故隐患。

(5) 安全生产管理措施不到位。有些企业未建立健全各项安全生产规章制度，无章可循或有章不循；对“三违”行为有的管理人员脸皮薄，故装作视而不见，没有及时制止。有的发现“三违”行为只是进行经济处罚，没有进一步采取措施，未从实质上解决“三违”行为的产生途径。

结合“2-4”模型概括以上违章原因，日常工作中出现的“三违”行为可归纳为以下四类：

(1) 不知型违章。即由于教育培训不到位或者相关规章制度、操作规程不清楚、不完善，“三违”当事人不知道其行为属于“三违”行为。一般此类行为主体主要为偏年轻的从业人员，大部分是新职工，包括转岗、换岗的人员。

(2) 不知所以型违章。即虽然规章制度、操作规程有规定要求执行，但“三违”当事人不了解如果不按规章制度、操作规程执行可能带来的后果。一般此类行为主体主要是新上岗的从业人员和文化素质较低的从业人员。

(3) 明知故犯型(习惯型)违章。即知道正在进行的行为是“三违”行为，但过去一直这么操作，也未发生事故，存在侥幸心理，对自己控制危险的能力估计过高，或者自以为与按章操作相比，实施“三违”行为带来的时间上、物质上、体力上的得益大于前者，依旧冒险实施“三违”行为。一般此类行为主体主要是有一定操作经验的从业人员和经常进行简单重复操作的从业人员，如电工、电气焊工等特种作业人员。

（4）失误型违章。即由于生理、心理、环境等因素影响，在无主观意识的情况下，判断失误、疏忽、遗漏等造成的“三违”。虽然此类行为主体在整个“三违”行为中只占很小的比例，但在特定情况下发生的失误往往会带来严重的后果。

5. “三违”排查整治措施

（1）结合安全管理体系运行的经验，将“三违”行为视为事故隐患来对待。实施“员工违章积分卡”制度，即“一人一卡”管理。发现违章及时记录在卡片上，待积分达到一定的分值后，按照考核细则进行考核。员工违章积分卡制度严格按照识别、分析、评价、对策措施的步骤进行，动员全体从业人员全面细致地识别本岗位、本部门存在的“三违”现象和行为。各级安全生产管理部门组织有关专业人员对“三违”现象和行为进行分析、评价并提出有针对性的对策措施，经过分类、汇总、整理，最终形成本单位、本部门的员工违章积分考核实施细则，下发岗位员工进行学习。违章积分卡的实施，能够调动从业人员按章作业的积极性，再加之一定的经济处罚措施，将形成排查整治“三违”的行之有效的措施。

（2）修订完善管理制度和操作规程。组织有关专业人员专门进行分析，采取提高工作效率措施的同时，对管理制度和操作规程进行修订和完善。在保证安全作业和操作的前提下，理顺程序，精简环节，落实责任，并加入温馨提示，制作成图文并茂的“作业指导书”，让岗位从业人员更易于接受，进而减少和避免明知故犯型的“三违”行为的发生。对操作人员进行教育培训，同时对可能带来的严重违章行为，在作业指导书中予以补充和完善，以此避免“三违”行为。

（3）进一步加大对“三违”行为的考核查处力度

1）建立“三违”行为曝光机制，设立“三违”行为曝光台，把相关从业人员违章指挥、违章操作、违反劳动纪律的情况、违章原因以及处理意见在曝光台上公示，做到人人皆知，共同监督。

2）举办“三违”人员学习班。对“员工违章积分卡”积分达到离岗学习的分值人员，组织学习安全生产知识和操作规程，不断提高他们的安全意识和安全素质，让他们了解“三违”行为的危害性，让他们自觉克服和抵制“三违”行为。

3）推行班组互保联保制度，让班组员工互相监督。对“三违”的管理要以班组为单位，施行互保联保连带责任，若一个班组中有一起“三违”行为发生，就要对班组的互保人员进行连带处罚，使班组成员之间能够互相约束、互相监督、互相管理。

（4）努力提高本质安全化水平，加强对“三违”行为的防范

1）从完善设备、设施、工具的本质安全化着手考虑，在项目建设、设备采购、改造方案等过程中，在条件允许的情况下，优先选用本质安全的设计方案、设备、设施和工具。

2）设立相应的警示、提示标志，如设备停用挂牌、施工作业警戒色带、防护围栏等。另外，结合危险源辨识、评价的结果，对风险较大的操作完善相关的操作规程和加强监护。同时，从“善待员工、以人为本”的角度出发，充分发挥党、团、工会等组织的作用，及时掌握员工的思想动态，关心员工的生活，改善员工的工作环境，在力所能及的情况下，帮组员工解决生活、工作中的实际困难，解除员工的后顾之忧，避免员工在工作中因过多考虑与工作无关的事情，注意力分散而导致的失误。

3）培养员工的良好操作习惯，实现自我约束，自我防范，自觉遵章守纪，努力做到由“要我安全”到“我要安全”的转变。

4）充分发挥舆论工具的作用，广泛开展反“三违”宣传。例如在内部发行的报纸、内部网页上选登员工在日常工作中经常或者习惯出现的“三违”行为，以生动直观的形式表现“三违”以及正确的处理方式，实现对员工及其周围的人的反“三违”教育，进一步提高全员的安全意识，从而避免“三违”行为的发生。

（5）严格执行“三不伤害”原则。“三不伤害”原则是指不伤害自己，不伤害他人，不被他人伤害。“三不伤害”基本上涵盖了员工应遵守的所有安全生产管理规章制度。

1）“不伤害自己”。要提高自我保护意识，不能由于自己的疏忽或者失误而导致自身受到伤害。要想不伤害自己，必须提高自己的安全意识，巩固自己的安全生产知识，熟悉自己的工作任务，掌握岗位安全技能，端正工作态度，选对工作方法等。要严格按照安全生产规章制度作业，任何时候都不能违章作业，严格按照要求佩戴劳动防护用品。不伤害自己是在工作中必须做到的，如果做不到，也就谈不上“不伤害他人”以及“不被他人伤害”。

2）“不伤害他人”。自己要对自己的行为负责，在生产过程中，不能因自己的失误、疏忽或者是违章作业对他人造成伤害。保证自己和别人的安全是每位从业人员应

尽的义务，每位从业人员只有时刻把安全放在心里，做到安全第一，严格遵守安全生产制度，坚持按章作业，不麻痹大意，不抱侥幸心理，才能真正保证安全。

3）“不被他人伤害”。每个从业人员在工作中，如果遇到别人的失误操作，或者其他事故隐患时，要有防范意识，避免他人的行为对自己造成伤害。生命安全应该掌握在自己手里，不应该被他人伤害，即使是无意的伤害。因为越是无意的伤害，就越没有防备，越容易受伤，也越容易被忽略。因此，每个从业人员都要树立完善的自我保护意识。

企业员工在生产过程中要谨守“三不伤害”原则，主动参加安全生产活动，接受安全生产培训，学习安全生产技能，掌握操作方法，养成遵章守纪的习惯，要做到领导在与不在一个样，有人检查和没人检查一个样，不偷懒，不冒险，不违章，不放过任何事故隐患，做到不伤害别人。提高识别和处理危险的能力，做到不被别人伤害。这样，在生产中才能真正地消除事故隐患。

（6）加强安全生产教育培训。加强对班组长、特种作业人员和新员工的培训。安全生产教育培训工作贯穿整个反“三违”活动的始终，安全生产教育培训的效果会直接影响到反“三违”活动的最终结果。因此，在对从业人员进行安全教育培训的过程中，要结合实际，分阶段、分层次，抓住主要矛盾，根据教育培训的对象不同，有重点地开展实施，特别是要重点做好对班组长、特种作业人员、新员工“三种人”的安全生产教育培训。

第四章　以安全生产检查落实事故隐患排查

第一节　安全生产检查与事故隐患排查

一、安全生产检查在企业事故风险控制中的作用

企业事故风险控制遵循“危险源辨识—风险分析与安全评价—实施控制—再评价”的持续循环管理过程，而这个过程中的重要工作内容即是从“人、机、环、管”层面对事故隐患进行识别、分析、分级和治理。

安全检查的目的是对生产过程及安全生产管理中可能存在的缺陷、事故隐患、有害与危险因素等进行排查，及时发现生产薄弱环节和事故隐患，查找不安全因素，寻求治理和消除事故隐患的方法、措施，并且真正落到实处，使事故隐患得到有效的治理和控制，保证生产安全。

安全生产检查是主动性的安全防范，对检查出的事故隐患，要进行原因分析，及时提出、优化并实施整改解决措施，按照整改“四定”（定措施、定负责人、定期限、定资金来源）原则落实。对检查中发现的一般事故隐患要立即整改，对不能处理的隐患跟踪监督，采取临时应急措施，要求挂牌限期整改。安全生产检查要坚持领导与群众相结合、综合检查与专业检查相结合、检查与整改相结合的原则，并做到经常化、制度化、规范化。对不具备整改条件的事故隐患，要采取一定的应急防范措施，或临时解决措施，按要求限期整改或停车停产整改，在条件具备的情况下彻底整改，确保安全生产。

安全生产检查工作完成后，对检查对象的安全生产客观情况应进行真实记录，作为可靠的第一手材料，为改进安全生产工作提供具体依据。通过安全检查，重点排查出所有的事故隐患，形成记录，并对其进行分级。对所发现的问题进行处理，根据事故隐患等级分轻重缓急进行整改。

二、企业安全生产检查制度

1. 制定安全生产检查制度的依据

（1）根据相关法律法规、规程规范和技术标准的要求，生产经营单位的安全生产责任制、规章制度和操作规程以及上级要求或相关方要求等。

（2）以前已有的相关或近似制度作为参考。

（3）其他类似单位已有的制度作为参考。

（4）相关工作经验和教训。

（5）事故隐患排查工作或危险源辨识相关工作情况。

（6）相关事故案例或未遂事故情况作为参考。

2. 安全生产检查制度的内容

安全生产检查的内容主要包括以下 5 个方面：

（1）查安全意识。即检查各类人员对安全生产的认识，通过检查对安全生产方针、政策、法律、法规的理解和贯彻的情况来了解企业领导和职工安全意识水平。

（2）查安全生产管理。即检查安全生产管理工作的实施情况，如安全生产责任制和各项规章制度是否健全，安全教育、安全技术措施、伤亡事故管理、应急管理、劳动防护用品发放和使用等各项工作的实施程度、执行情况和所达到的水平等。

（3）查事故隐患。通过检查生产条件、生产设备设施、安全卫生设备设施，确定其是否符合国家及行业和企业的要求，检查职工在生产中是否存在不规范操作和违章行为，也就是检查物的不安全状态和人的不安全行为这两个方面的事故隐患。

（4）查事故隐患整改。即对已经发现的事故隐患及安全生产管理存在的问题进行检查，确定是否已经采取了措施，以及措施的效果如何。

（5）查事故调查和处理。首先检查所发生的各类事故是否都进行了报告、调查、分析和处理，然后查事故处理过程是否做到了“四不放过”（事故原因未查清不放过、责任人员未受到处理不放过、责任人和群众未受到教育不放过、整改措施未落实不放过）。

【例4—1】某集团总公司安全生产检查制度

1　目的和适用范围

1.1　为了贯彻安全生产方针，监督安全生产规章制度的执行情况，及时发现并整改生产过程及安全生产管理工作中存在的事故隐患，减少和防止事故的发生，保证生产安全，特制定本制度。

1.2　本制度规定了各部门在安全生产检查活动中的职责，以及安全生产检查的类别和工作流程。

1.3　本制度适用于公司所有生产工序及相关管理。

2　职责

2.1　主要负责人对公司的安全生产检查和事故隐患排查与治理工作负全面的领导责任。

2.2　各部门负责人对部门的安全生产检查和事故隐患排查与治理工作负主要领导责任。

2.3　安全生产专员是安全生产检查的管理者，负责对本制度的执行情况进行监督、检查、执行和管理，并对安全生产检查的资料进行记录、收集和建档。

2.4　各部门管理相互协作，保证安全生产检查制度的顺利实施。

3　工作流程

3.1　月度安全生产检查

3.1.1　月度安全生产检查是指由安全生产专员牵头，生产、管理、工会代表等相关部门参加，每月一次对生产车间、场院、仓库、宿舍等厂区进行的全面安全生产检查。

3.1.2　公司建立安全生产检查组，成员包括主管安全生产的公司领导、安全生产专员、各部门安全生产检查代表、工会代表及员工代表等。

3.1.3　月度安全检查流程：

3.1.3.1　安全生产专员计划并组织每月的检查时间及检查内容，组织安全生产检查。

3.1.3.2　检查当日召开月度安全生产检查首次会议，由公司领导和安全生产检查组成员参加，公布安全生产检查的具体安排。

3.1.3.3　检查结果由安全生产专员当日汇总，并召开末次会议，公司领导、检查组成员以及各部门负责人参加会议。

3.1.3.4　安全生产检查中发现的问题将以事故隐患整改通知单的形式下发，要求部门限期整改。安全生产专员对到期问题进行复查。

3.1.3.5　安全生产专员每月月底前完成安全生产检查报告，并归档汇总。

月度安全生产检查流程如图4—1所示。

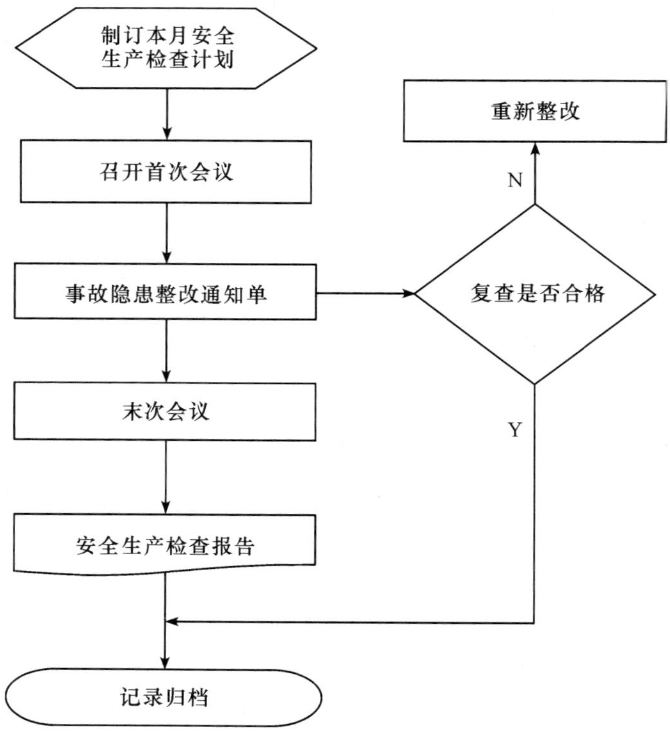

图4—1　月度安全生产检查流程图

3.2　专项安全生产检查

3.2.1　专项安全生产检查是指公司根据政府规章、制度及指令，或公司内识别的重大事故隐患进行的，针对某项安全生产问题组织的安全生产检查。

3.2.2　专项安全生产检查组成员由主管安全生产的公司领导、安全生产专员、工会代表、专项问题存在的部门代表等组成。

3.2.3　专项安全生产检查流程：

3.2.3.1　安全生产专员根据方针政策、规章制度等文件，或根据公司内部的实际问题，牵头开展专项安全生产检查。

3.2.3.2　专项安全生产检查发现的问题以事故隐患整改通知单的形式下发，要求责任部门限期整改，安全生产专员到期复查。

3.2.3.3 安全生产专员对专项安全生产检查的结果记录并归档。

3.3 综合及联合安全生产检查

3.3.1 综合及联合安全生产检查是指政府主管部门、第三方评价机构或外来单位到厂与安全生产专员共同进行的安全生产检查。

3.3.2 综合及联合安全生产检查由主管安全生产的领导、安全生产专员参加。

3.3.3 综合及联合安全生产检查的具体流程视实际情况而定。

3.4 日常安全生产检查

3.4.1 日常安全生产检查是指各部门、各工序开展的，针对所在工作区域的安全生产问题进行经常性的安全生产自查。

3.4.2 主要包括设备的日常点检，设施的维护，班组长牵头开展的安全生产自查活动等。

3.4.3 日常安全生产检查由各部门、各班组自行安排。

4 附则

4.1 各岗位员工应配合安全生产检查的进行，对检查出的事故隐患积极整改。

4.2 安全生产专员负责管理安全生产检查台账。

4.3 每月的安全生产检查及整改结果将在公司中公开发布。

5 附录

5.1 月度安全生产检查计划书

5.2 月度安全生产检查报告

5.3 隐患整改通知单

6 执行

本制度自批准之日起实施。

【例 4—2】某聚甲醛生产企业安全生产检查制度

1 目的

为加强和规范安全生产检查管理工作，确保安全生产检查工作确实落到实处，特制定本规定。

2 范围

本规定适用于××聚甲醛有限公司范围内的安全生产检查。

3　职责

3.1　安全生产管理部门是公司安全生产检查的归口管理部门，负责组织公司级安全生产检查，安全生产检查问题汇总、汇报，督促事故隐患整改。

3.2　各部门按照职责分工组织相关专业进行安全生产检查，建立台账，制订整改计划、方案（含安全技术措施）并落实。

4　要求

4.1　安全生产检查计划

4.1.1　公司及各部门应制订年度安全生产检查计划，计划应经审批。

4.1.2　安全生产检查计划应有明确的目的和要求。

4.1.3　安全生产检查计划应明确组织机构或人员。

4.1.4　安全生产检查计划的编制应遵循或依据有关法律法规、标准及公司的安全生产管理制度或规程。

4.1.5　安全生产检查计划的编制应考虑季节、区域、不同生产阶段、不同人群等因素。

4.2　安全生产检查的形式与内容

4.2.1　安全生产检查的主要内容是查领导、查思想、查制度、查违章、查事故隐患、查纪律（包括劳动纪律、工艺纪律、操作纪律、工作纪律、施工纪律）。

4.2.2　安全生产检查采取日常、定期、专业、不定期4种检查方式。公司每月组织一次，部门（单元）每周组织一次，班组每日组织一次。

4.2.2.1　日常安全生产检查的内容：

（1）生产岗位的班组长和职工严格履行交接班检查和班中巡回检查（一般间隔1～2小时巡查一次）。

（2）非生产岗位的班长和职工应根据本岗位特点，在工作前和工作中进行检查。

（3）日常安全生产检查由各部门（单元）班长组织当班职工，按岗位、按工艺流程进行检查，主要检查当班安全生产情况、存在的事故隐患及违章违纪等。

（4）各级领导和安全生产管理人员，应经常深入现场进行安全生产检查，一旦发现事故隐患，按专业分工及时督促有关部门解决。

4.2.2.2　定期安全生产检查包括季节性安全生产检查和节前安全生产检查：

（1）季节性安全生产检查的内容：

1）春季安全生产大检查以防火、防爆、防中毒、防尘、防静电等为重点。

2）夏季安全生产大检查以防火、防爆、防中毒、防尘、防雷、防暑降温、防台风、防汛等为重点。

3）秋季安全生产大检查以防火、防爆、防中毒、防尘等为重点。

4）冬季安全生产大检查以防火、防爆、防中毒、防尘、防静电、防冻、防凝、防滑、防窒息等为重点。

（2）节前安全生产检查是对安全、保卫、消防、生产准备、备用设备、岗位责任制度、岗位人员及值班人员的安排等进行重点检查。

4.2.2.3　专业安全生产检查：

（1）特种设备。主要包括焚烧炉、压力容器、压力管道、气瓶、行车、电梯、叉车等。

（2）预防事故设施

1）检测、报警设施。主要包括压力、温度、液位、流量、组分等报警设施，可燃气体报警器、有毒气体报警器等。

2）设备安全防护设施。主要包括防护罩、防护屏、负荷限制器、行程限制器，制动、限速、防雷、防潮、防晒、防冻、防腐、防渗漏等设施，传动设备安全锁闭设施，电器过载保护设施，静电接地设施等。

3）防爆设施。主要包括各种电气、仪表的防爆设施，抑制助燃物品混入（如氮封）、易燃易爆气体和粉尘形成等设施，阻隔防爆器材，防爆工器具等。

4）作业场所防护设施。主要包括作业场所的防辐射、防静电、防噪声、通风（除尘、排毒）、防护栏（网）、防滑、防灼烫等设施。

5）安全警示标志。主要包括各种指示、警示作业安全和逃生避难及风向等的警示标志。

（3）控制事故设施

1）泄压和止逆设施。主要包括用于泄压的阀门、爆破片、放空管等设施，用于止逆的阀门等设施，真空系统的密封设施等。

2）紧急处理设施。主要包括紧急备用电源，紧急切断、分流、排放、吸收、中和等设施，通入或者加入惰性气体、反应抑制剂等设施，紧急停车、仪表联锁等设施。

（4）减少与消除事故影响设施

1）防止火灾蔓延设施。主要包括阻火器、安全水封、回火防止器、防火堤、防火墙、防火门等设施，防爆墙、防爆门等隔爆设施，防火材料涂层等。

2）灭火设施。主要包括水、泡沫等灭火设施，消火栓、消防带、水枪、消防水管网、消防站等。

3）紧急个体处置设施。主要包括洗眼器、喷淋器、应急照明等设施。

4）应急救援设施。主要包括堵漏、工程抢险装备和现场受伤人员医疗抢救装备等。

5）逃生避难设施。主要包括逃生和避难的安全通道（梯）、避难信号等。

6）劳动防护用品和装备。主要包括头部，面部，视觉、呼吸、听觉器官，四肢，躯干等免受作业场所物理、化学因素伤害的劳动防护用品和装备。

4.2.2.4 不定期安全生产检查包括：

（1）对新建、改建、扩建的项目在建设、试运、投产验收期间的检查。

（2）对装置开、停工及检修期间的检查。

（3）对临时性专业检查以及生产出现问题时必须进行的安全生产检查。

4.3 检查方法

4.3.1 日常检查由当班的班组长组织对本班的安全生产情况进行。

4.3.2 周检查由部门（单元）负责人组织工程技术人员、班组长、安全员等对所有岗位进行。

4.3.3 月检查可以由公司组织有关部门领导和技术人员进行，也可以由公司统一组织有关部门，发动全体职工进行安全大检查。检查的形式可组成检查组，开展自检与互检。

4.3.4 不定期检查应按生产检修或临时性任务的需要，由公司组织有关人员开展。

4.3.5 专业检查以专业部门为主，有关部门参加为辅。

4.4 记录与总结

不论哪一种检查形式，检查要有计划地进行。检查前应对具体检查内容编制安全生产检查表，按检查表中条款认真检查，详细填写检查记录。检查结束要有总结，报上级主管部门，同时监督问题整改情况。

5 事故隐患治理

详见《××聚甲醛有限公司事故隐患排查与治理管理规定》。

6 解释权

本规定解释权归公司安全生产管理部门。

【例4—3】某施工企业安全生产检查制度

1 总则

1.1 安全施工检查是执行安全施工方针的一种基本形式，是发现和排查工程施工中事故隐患的一种重要办法。为了保证安全施工，贯彻“安全第一，预防为主，综合治理”的安全生产工作方针，夯实安全施工的基础，确保工程安全稳定运行，规范安全施工检查工作，特制定本制度。

1.2 开展安全施工检查是保证安全施工行之有效的好办法，是充分发动群众搞好安全施工的好经验，是坚持不懈地与“违章、思想麻痹、不负责任”三大安全宿敌做斗争的好措施。各级领导干部和职工必须高度重视，认真对待此项工作。

1.3 安全施工检查的主要任务是检查人、设备、工具在施工运转过程中的安全状况，检查各项管理制度在施工过程中的贯彻执行情况。

1.4 安全施工检查应当充分发动全体干部职工。要坚持安全施工检查的自查、互查和抽查制度，坚持以自查为主、抽查为辅，从上到下开展安全施工检查的“五查”活动（即查领导、查思想、查管理、查规程制度、查事故隐患）。

1.5 安全施工检查应贯彻“边检查，边整改”的原则，对查出的问题要及时制订整改计划并监督落实。对发现的重大事故隐患，领导要立即组织诊断，尽快确定治理方案和应急措施，并按设备管辖权限规定上报公司。

1.6 安全施工检查的最终目的在于通过检查消除事故隐患，完善各项规章制度，提高安全生产管理水平。

1.7 本制度适用于××有限公司××石化火炬系统项目部。

1.8 项目部安全生产管理科是本制度执行的监督机构，各部门是本制度的执行机构。

2 安全施工检查的组织领导

2.1 安全施工检查是全面综合性的安全生产检查，关系到项目部各部门的安全施工工作。全局性的安全施工检查（安全生产大检查）应由项目经理亲自负责领导，由安全生产管理科具体组织实施，技术科等部门积极参加。检查前应编制“检查提纲”或“安全生产检查表”，然后进行布置和组织中间检查，最后进行检查验收总结。

2.2 部门（施工现场）的检查由部门负责人领导，部门安全生产专责协助部门负责人完成安全生产大检查的组织实施工作。

2.3 安全施工检查中各部门查出的问题，提出的措施，整改方案以及落实情况由安全监察部门负责督促检查。

3 安全施工检查“五查”活动具体要求

3.1 查领导。采取领导自查和群众检查相结合的方法进行。

3.1.1 查各级领导对安全生产工作方针和上级有关安全施工指示、文件、通报的贯彻执行情况，查各级领导安全施工责任是否落实到位，是否定期进行安全分析，是否深入巡视检查和参加基层单位的安全活动。

3.1.2 检查对存在的事故隐患是否重视、是否组织解决，对发生的事故是否都按“四不放过”的原则严肃对待，是否按事故调查规程的规定亲自组织事故调查。

3.1.3 检查是否组织制定或按规定修订本单位的安全生产规章制度和现场运行操作规程。

3.2 查思想。采取发动全体职工，结合事故、障碍、异常、差错和人员思想实际进行对照分析检查的方法进行。

3.2.1 检查所发生的事故、障碍和各种不安全现象的思想根源。

3.2.2 检查在操作和作业中是否存在“违章、思想麻痹、不负责任”的不良现象和忽视安全生产规章的经验主义行为。

3.2.3 认真找出问题和差距，查出思想根源和问题，提出加强安全意识和自我保护意识的方法和具体措施。把“安全第一，预防为主，综合治理”的要求在每个职工的思想上牢固地树立起来，并自觉地在具体工作中严格执行各种安全生产的规章制度。

3.3 查管理。以查工作实效和工作记录的方法进行。

3.3.1 检查生产组织领导者是否做到计划、布置、检查、总结、考核安全生产工作。

3.3.2 检查安全管理体系是否完善并运转正常，做到令行禁止，政令畅通。检查安全监察体系是否有效，分级控制事故、障碍、异常的目标是否明确，措施是否有效。

3.3.3 检查有无违反值班纪律和劳动纪律的现象，能否开好班前会和班后会及定期开展安全生产日活动和安全生产分析会。

3.3.4 检查是否按规定填报事故报表，定期编写安全生产简报、通报、快报，认真分析事故和及时吸取事故教训。

3.3.5 检查是否按规定开展相关人员的安全生产教育培训工作，切实提高职工的安全素质和工作技能。

3.4 查规程制度。组织职工按岗位、工种逐条学习，对照检查有关的规章制度。

3.4.1 检查安全生产管理制度是否健全。要学习运行与维修的规程、制度及安全生产工作规程。

3.4.2 检查各项规程制度贯彻执行情况。是否存在有章不循、违章不纠的习惯性违章现象，以及其主要表现在哪些方面。

3.4.3 检查规程制度本身还存在什么漏洞。对于规程制度有漏洞或不执行发生了哪些事故和不安全现象，应吸取什么教训，找出问题并提出改进措施。

3.5 查事故隐患。采用组织专业技术人员和一线职工共同对管辖设备进行排查的方法。

3.5.1 检查设备缺陷管理是否做到了“闭环管理”。

3.5.2 检查经过试验不合格或怀疑有问题的设备是否进行了更换处理或采取措施并监视其运行。

3.5.3 检查对近期所发生的事故和频发性障碍是否采取了有针对性措施。

3.5.4 检查是否把人身安全的工作始终放在首要位置，是否从人身轻伤和未遂人身事故中吸取教训，要努力做到杜绝死亡和重伤事故的发生。检查施工作业场所和工作岗位是否存在危险因素。

4 安全生产检查重点项目

4.1 人员劳动防护用品的正确使用。作业时必须穿着全棉工作服、绝缘鞋，戴绝缘手套、安全帽，高空作业时必须系安全带等。

4.2 检查施工现场安全生产工作的组织措施和技术措施的落实情况，必须保证作业人员在有效安全措施的保护下工作。

4.3 检查电气设备预试、校验是否如期进行。

4.4 检查安全工器具的配置，定期试验情况，起重工器具、电气工器具、机械工器具等是否存在缺陷。

5 安全施工检查的形式

5.1 部门组织岗位操作人员、设备维修人员、工程技术人员、管理人员和安全监察人员对自己专责范围进行安全自查。

5.2 部门班组之间组织进行安全互查。

5.3 班组长对本班组人员、工区负责人对班组、公司安全生产管理人员对各部门进行的安全生产检查。

5.4 进行安全生产施工例行检查

5.4.1 班前（开工）检查。主要检查作业人员的精神状态，安全工器具的携带情况，工作票、操作票的准备情况等。班后（收工）检查，检查施工质量，工作现场是否整理清扫等。

5.4.2 运行班组定期巡回检查。主要检查设备的运行状况，及时发现设备事故隐患等。

5.4.3 秋、冬季安全生产大检查。这是结合季节特点和事故规律进行的检查，是自查，互查、上级抽查相结合的综合性检查。

5.5 根据项目部的管理制度，规定周期检查，由班（值）长、安全员、部门领导、安全生产管理人员、项目经理进行的定期安全生产检查。

5.6 结合施工实际，根据需要，组织临时安全生产检查。

5.6.1 在灾害性天气来临前组织检查，查找薄弱环节，采取加固等防范措施，以防止、减少自然灾害造成的事故和损失。

5.6.2 根据本项目部发生事故（或障碍）暴露的问题，事故通报上列出需要检查的问题，临时安排检查有没有同样（类似）的问题存在，以便举一反三，吸取事故教训，防止同类事故重复发生。

5.6.3 对上级安全施工指示的贯彻情况专门安排检查，并督促落到实处。

6 安全施工检查的方法

6.1 成立安全施工检查小组，有目的、有组织、有计划、有要求地进行检查。

6.2 深入现场与听取汇报相结合，通过察看、询问、综合分析，得出明确结论。

6.3 有检查明细表，逐项认真填写。

6.4 要充分发动全项目部职工，广泛听取职工意见。边检查，边整改，边提高。

6.5 奖罚分明，对于好的要表扬、奖励，对于差的要批评、惩罚。要以教育为主，树立好的典型，达到共同提高。

6.6 总结提高。每次检查完毕，要写出总结，找出差距，制订出整改计划。

三、综合安全生产检查的内容

1. 危险源（点）管理控制的检查内容

（1）有懂危险源辨识和评价的工作人员，受过良好培训。

（2）建立相应工作制度。

（3）有相应主管部门和职责。

（4）全部岗位辨识，形成清单。

（5）选择评价方法和确定评价准则。

（6）进行评价，找出危险程度较高的危险源。

（7）对高风险危险源提出控制措施并实施。

（8）根据情况变化及时进行补充辨识评价。

（9）所有员工都能获取有关最新危险源内容，并列入培训内容。

（10）定期更新和评审并检查风险控制结果。

2. 重大危险源的检查内容

（1）有国家相关法律法规、标准等规定。

（2）建立重大危险源管理制度。

（3）辨识、评价并确定企业的重大危险源。

（4）重大危险源应早报、登记、建档，根据有关规定进行定期检测、评估、监控。

（5）制定应急预案，告知从业人员和相关人员在紧急情况下应采取的应急措施。

（6）将本单位重大危险源及有关安全措施、应急措施上报所在地政府安全生产监督管理部门和有关行政主管部门备案。

（7）重大危险源与周边的安全距离和防护设备设施应满足国家标准或有关规定。

3. 一般设备设施

（1）有关于本单位设备设施的管理依据（包括法律法规、标准、规程、制度等）。

（2）有完整、详细、准确、真实、及时更新的设备设施档案。

（3）有相关管理制度。从审批、购置、安装、使用、维护保养、检修到报废处置均有相应的安全生产规定。

（4）有主管部门和相应职责。

（5）掌握设备设施的完好或缺陷程度等。

（6）对设备设施的日常检查、保养、维护记录等。

（7）有关安全卫生防护设备设施情况，如机械防护、监测、通风、防晒、调温、保温、防火、灭火、防爆、泄压、防毒、消毒、中和、防潮、防雷、防静电、防腐、电气防小动物、防渗漏、防护围堤或者隔离操作等情况，保证符合安全运行要求并正常使用。

（8）各类机械设备、手持电动工具、电焊机、移动式设备、电气设备等有专门的规定、专项专人管理并有记录。

（9）设备设施之间保持足够（规定）的安全间距。

（10）安全标志情况，如确定需要配备的地点、种类、形式、完好性、合理性等，危险性大的设备设施地点、施工场所等必须配备安全标志。

（11）保证相关岗位和人员能够方便地得到相应的规定内容并掌握其内容和要求。

（12）设备本质安全情况。

4. 特种设备

（1）有相关依据。

（2）有管理制度。

（3）有专门机构进行专业管理。

（4）有完整手续。

（5）有符合依据规定的档案记录。

（6）日常保养维护情况。

（7）安装、检修、拆除由有资质单位完成。

（8）定期强制检验情况。

（9）厂内机动车辆有制度，由负责部门专项管理。

5. 作业安全

（1）检修维修作业前，进行危险源辨识评价，采取安全措施。

（2）大修前应召开相关部门人员参加的专门会议，制定安全方案。

（3）拆除和报废安全符合上两条内容。

（4）确定危险作业的范围、种类并有相关管理制度。

（5）危险作业至少应包括动火作业、受限空间内作业、破（动）土作业、断路作业、高处作业、起重作业、抽堵盲板、带燃气作业等，应有相应审批手续。

（6）危险作业前必须确认安全措施已经完成，并有专人监护。

6. 职业病防治

（1）有相关依据。

（2）有管理制度。

（3）有职业病危害岗位评估、清单目录等。

（4）相关危害必须如实、全部告知所有相关人员，作业时采取相应措施，并进行相应培训，配备应急装备。

（5）有职工健康档案。

（6）职工按有关规定进行定期体检。

（7）确定需要检测的地点、频次，确保实施并有记录，记录必须公示。

（8）通风、除尘、防毒、防噪声等防护设备设施按有关规定正常运行，并有记录。

（9）相关卫生设施，如卫生间、洗澡间、更衣间、休息间等齐备合理。

（10）劳动时间和强度符合有关规定，职工没有强烈抱怨。

（11）女工“五期”依法保护情况。

（12）不使用童工和未成年工。

（13）人机工程方面的资料、规定及执行情况齐全。

（14）发现职业病例后按有关规定执行，给予病人相应的治疗和待遇，有记录证明。

7. 劳动防护用品

（1）有相关依据。

（2）有管理制度。

（3）有发放、使用标准。

（4）按有关规定执行，有记录。

（5）有合法、合格的供应方并定期确认。

（6）质量符合国家标准。

（7）员工使用、保养正确。

（8）员工反映的意见及时处理。

（9）使用效果有确认。

（10）存放在安全、方便的地方，并有专人负责保管；定期校验和维护，每次校验后应记录或铅封，主管人员应经常检查。

（11）发现问题后及时解决，对新用品、相关行业企业情况能够了解。

8.“三同时”的管理

（1）管理依据中列出“三同时”相关内容。

（2）有配套管理制度。

（3）各相关部门分工清楚，职责明确。

（4）“三同时”所需要的各类评价、审批、上报等手续齐全。

（5）“三同时”各个阶段有专职机构、专门人员做专项检查，发现问题及时整改。

（6）所需安全资金投入充足，专款专用。

（7）工会组织直接参与有关工作。

9. 外部相关方管理

（1）建立健全相应制度。

（2）各相关部门分工清楚，职责明确。

（3）重点对外部相关方的有关安全生产资质进行审查。

（4）与外部相关方签署安全生产协议或在合同中明确各自安全生产职责。

（5）外部相关方进入作业场所前开展相应安全生产教育。

（6）对本单位有关人员进行相应安全生产教育。

（7）对外部相关方可能造成的危险源进行辨识评价并采取控制措施。

（8）对外部相关方作业进行安全生产检查和监护。

（9）为外部相关方提供所需资料和条件。

（10）对外来参观、学习等人员进行有关安全生产规定及安全生产注意事项的安全生产培训教育。

（11）要求或帮助外部相关方进行危险源辨识评价和控制工作。

10. 作业环境

（1）设备工具材料等摆放有序，不妨碍通行、作业。

（2）通道符合标准，且通道线明显清晰。

（3）路面平坦，无积油积水杂物，无绊脚物。

（4）临时占道有相应控制措施。

（5）道路上方悬挂物高度符合标准，且牢固可靠。

（6）坑、壕、池应设置盖板或护栏。

（7）采光符合有关规定。

（8）照明灯具完好。

（9）梯、平台、护栏等防护装置符合要求。

11. 检查和事故隐患管理

（1）有相关依据。

（2）有相关制度。

（3）对各类检查（节前、专项、上级、日常、季节等检查）的规定内容、部门人员、程序、方法、时间、频次等，并执行。

（4）任何安全生产检查都应有准备、实施、整理分析、整改等环节。

（5）对检查的结果（发现的事故隐患）按不同程度情况进行处理（警告、纠正、处罚、整改等），处理结果应确认。

（6）对各类检查有相应的检查表。

（7）检查表的编制、审核、更改等有相应规定。

（8）检查结果有记录，定期分析各类检查记录，找出发生问题的规律。

12. 消防管理

（1）有相关依据。

（2）有相关制度。

（3）有相关台账、档案、清单。

（4）有日常检查。

（5）器材完好，不过期、不失效。

（6）器材配备适当合理。

（7）器材保管正常。

（8）人员培训全面有效。

（9）有相关演练。

【例 4—4】某园区企业综合安全生产检查

1. 检查基本情况

2016年11月至2017年3月某园区开展了对园区内企业为期5个月的安全生产检查工作。

2. 检查中发现企业存在的主要问题（事故隐患）及解决方法

（1）检查过程中存在的主要问题分以下几个方面：

1）企业现场较为简单，个别企业资料有大体框架，缺少执行文件；多数企业未做安全生产标准化体系。

2）个别现场存在较为突出的事故隐患。

3）部分企业资料为培训教材上的一套资料，比较全面但缺少适用性，未按照公司的实际修订完善，问到一些内容企业回答不清楚，自身不明白所做资料的意义。

4）个别企业资源配置不足，企业安全生产主体意识不强，持证的安全生产负责人和安全生产管理人员安全素质不高，对于部分安全生产法规理解不深，如法律法规识别、危险源辨识等。

（2）企业存在的主要事故隐患为：

1）个别电气设施管理比较乱、缺少漏电开关等保护措施。

2）使用危险化学品的企业较为多见的为电气设施的防爆不完善，缺少静电导出装置，有的企业甚至无专门存放的区域，管理跟不上。

3）机械行业的设备主要为防护缺失，有些设备的双手开关由于影响效率被弃之不用，部分脚踏开关无防护罩。

在检查过程中采取了对资料查阅和当面沟通的方式，参考企业原有制度体系，将安全生产标准化制度体系的概念与企业交流，建议企业将各项体系合并，以有利于执行；现场检查发现的小问题令企业立即整改完成，原则性问题一概不放过，全部体现的事故隐患排查与治理建议清单中督促企业制订计划实施整改。

基本上，企业对安全生产管理工作比较重视，能积极整改存在的问题，也愿与检查单位进行沟通。

3. 归纳检查中发现企业存在的共性问题分析

（1）电气安全类。主要表现在：触电危险性高的设备设施无剩余电流保护装置；配电线路、开关、插座损坏未及时维修；固定线路、配电箱敷设不规范，PE线、N线缺少或接错；临时用电线路过多，敷设不规范；变配电室管理不规范，配电房内有生活设施、缺绝缘工具、绝缘毯未定期检测，缺应急照明设施等；设备照明设施距地面高度不足 2.5 m，未采用安全电压。

（2）机械防护类。主要表现在：冲、剪、压设备未安装光栅安全联锁装置或双手控制按钮；冲、剪、压设备已安装光栅安全联锁装置或双手控制按钮，但员工为图操作方便，将光栅安全联锁装置或双手控制按钮弃之不用，仍采用脚踏开关。部分机型设备缺少安全防护设备，或安全防护设备不齐全、不到位。

（3）防火类。主要表现在：部分企业易燃物品随意堆放。

（4）消防应急疏散和指示标志类。主要表现在：安全疏散门开启方向错误，未向疏散方向开启；在安全出口设置门禁卡，紧急情况下无法手动开启；应急疏散指示标志悬挂错误，未指向疏散方向。

（5）危险品储存与使用类。主要表现在：酒精等甲类危险化学品使用登记不全；危险品的储存未做到隔离、隔开、分离的要求；部分化学品无 SDS（Safety Data Sheet，安全数据表），企业相关管理人员亦不知其主要成分。

（6）特种设备类。主要表现在：叉车转向灯故障，倒车时无声光提示；行车部分安全附件缺失，诸如吊钩无安全锁口、无超载限制器、通电指示灯等。

（7）警示标志标识与职业危害告知类。主要表现在：在冲剪压设备、车辆运行区域、湿滑区域及其他可能造成严重伤害的场所，缺安全警示标志；存在粉尘、噪声、有毒有害气体等职业病危害因素的场所，未设置职业危害告知。

（8）作业行为类。主要表现在：设备检维修作业时只关掉了设备开关，未切断设备动力电源；部分员工流动性较大，新员工未接受安全生产教育直接上岗作业。

（9）其他事故隐患类。主要表现在：工业气瓶无防倾倒措施；移动梯台无防滑措施；直梯无护笼或护栏，安装高度不符合规范等。

4. 检查中企业安全生产管理方面存在的共性问题

（1）企业最高领导安全生产工作参与力度不够。企业实际控制人或最高职务领导很少参与安全生产工作；持主要负责人证书的人员为部门经理或普通工作人员，无话语权，难以开展安全生产管理工作。

（2）对自身存在的事故隐患认识不足。诸如对设备缺防护罩、冲剪压设备缺安全联锁装置，PE 线、N 线搭接不规范等缺陷，企业认为多年来安然无恙，不认为上述问题是事故隐患。

（3）安全生产教育培训力度不够。表现在员工缺少安全生产常识、不熟悉应急救援器材的使用、存在明显违反岗位安全生产操作规程的行为等。

5. 建议及意见

（1）普及安全生产知识仍然是推进安全生产工作的首要任务。在不少企业，安全生产工作的阻碍首先是人的意识问题，从企业主要负责人到基层员工，认识不到安全生产工作的重要性，缺少基本的安全生产意识和安全生产常识。普及安全生产常识、提高员工安全生产意识，仍是今后推进安全生产标准化工作的首要任务。

（2）大力解决企业的实际负责人很少参与安全生产工作的现象。由园区向企业实际负责人或投资人宣传安全生产法制知识，推动他们重视安全、参与安全，履行其安全生产职责。

（3）加大安全生产法律法规、标准的宣传与贯彻力度。部分企业生产现场存在的事故隐患不能及时整改，是因为安全生产法律法规、标准不普及，企业相关人员不熟悉，不能认识到事故隐患。要采取各种措施，让安全生产法律法规、标准走出安全生产工作者的书桌，走向生产的第一线。

（4）加大对企业的检查督促力度。部分企业安全生产检查未能形成工作惯性，往往在检查之后就会放松警惕。要充分发挥第三方的作用，不定期地组织专家进行现场检查，一方面督促企业持续改进，另一方面帮助企业解决日常管理工作中遇到的难点，提升企业的安全生产管理水平。

四、专项安全生产检查的内容

1. 电气设备安全生产检查的内容

（1）变配电设施和设备的布置、结构、运行、防护设施、安全距离等情况。

（2）供电线路安全情况。

（3）移动电气设备（包括手持电动工具）的安全情况，需要安装漏电保护器，局部照明及移动式手提灯工作电压按其工作环境选择适当的安全电压。

（4）避雷、防雷装置定期进行检查和试验，保持完好、有效。

（5）接地装置完好，接地电阻值在允许范围内。

（6）临时用电情况。

2. 锅炉安全生产检查的内容

（1）锅炉房的建筑结构及有关措施。

（2）锅炉相关资料。

（3）锅炉本体的安全状况。

（4）安全装置的情况。

（5）排放情况。

（6）定期强制检验情况。

（7）消防设备。

（8）操作人员持特种作业证情况。

3. 压力容器安全生产检查的内容

（1）安全阀的数量、规格、型号、安装符合要求；每年进行了校验。

（2）爆破片定期进行更换。

（3）压力表的数量、规格、型号、安装符合要求。

（4）气瓶内、外表面有无裂纹和重皮；气瓶有质量合格证，钢印标记齐全，其他漆色字样符合规定；定期进行了校验；气瓶使用前进行安全状况检查，对盛装的气体进行了确认；夏季有遮阳设施，防暴晒措施。

4. 起重机械安全生产检查的内容

（1）相关资料。

（2）起重机械各部件的安全情况。

（3）吊钩、钢丝绳等吊具安全状况。

（4）为吊运专门物品的专用辅具安全情况。

（5）定期强制检验情况。

（6）日常维护保养。

（7）操作人员持特种作业证情况，尤其是司索工（挂钩作业人员）的持证情况。

5. 危险化学品安全生产检查的内容

（1）具备所用的危险化学品目录。

（2）所有危险化学品都有安全标签和安全说明书。

（3）与危险化学品有接触可能的人员都能获得安全标签和安全说明书并受到相应的安全教育。

（4）危险品库符合各种安全要求和安全技术条件。

（5）危险品运输应有相应手续。

(6) 剧毒品有专门部门存放地点和设施，双人管理。

(7) 安全标志齐全、准确。

(8) 危险品的处理符合安全规定。

(9) 有专门的应急预案和设施、设备。

(10) 消防设施、设备完好、有效。

6. 消防设施安全生产检查的内容

(1) 各类消防器材配置合理、齐全。

(2) 自动消防设施运行正常；消防车通道、安全疏散通道、安全出口布置合理、通畅。

(3) 消防水源布局合理，供水通畅，水压充足。

(4) 消防标志设置到位、清晰醒目、完好、有效。

(5) 应急照明设置到位、完好、有效。

(6) 用火、用电手续齐全，安全措施落实，无违章、事故隐患。

(7) 防雷、防静电设施符合安全要求；工房、工地用电、用火符合安全要求。

(8) 易燃易爆化学危险物品和场所及其他重要物资、可燃物品等储存堆放符合安全要求，防火防爆措施落实，管理责任到位。

7. 厂内机动车辆安全生产检查的内容

(1) 厂内机动车辆的手续合法。

(2) 车辆状况。

(3) 操作人员持特种作业证情况。

(4) 车辆安全附件情况。

(5) 车辆行驶、操作的安全情况。

(6) 车辆作业的场地环境。

(7) 定期强制检验情况。

8. 安全防护装置安全生产检查的内容

(1) 各种机械设备的运动部分防护情况，包括罩、网、板等各种安全防护装置。

(2) 地面各种坑、井、沟、池、槽等设施的防护情况。

(3) 现场照明。

(4) 各类梯、平台等设施的防护装置符合标准要求。

（5）危险性较大的冲压、锻压等设备的专用安全防护装置情况。

（6）噪声防护、震动防护等设施、设备的情况等。

9. 生产工作现场安全生产检查的内容

（1）各类安全警示标志齐全。

（2）生产现场地面平整，无积水、无坑洼、无油污。

（3）生产物品和设施、设备定置管理。

（4）生产现场安全通道畅通，安全通道无杂物或易燃易爆物品堆积，安全通道指示标志齐全、醒目。

（5）作业人员、起重设备、物流等应有专门通道。

10. 合法性检查

（1）安全生产监督管理部门对管辖范围内的生产经营单位进行法律法规符合性监督检查；也可以专门针对某一类法律法规的遵守情况进行监督检查。

（2）生产经营单位自身进行的合法性检查，主要目的是规避违法风险，减少因受到行政部门的查处而产生经济和生产等方面的损失。这种专项检查在管理体系中被称为“合规性评价”。

11. 国家法律法规要求强制检验的内容

（1）非矿山企业强制性检查的项目有：锅炉、压力容器、压力管道、高压医用氧舱、起重机、电梯、自动扶梯、施工升降机、简易升降机、防爆电器、厂内机动车辆、客运索道、游艺机及游乐设施等，作业场所的粉尘、噪声、振动、辐射、高温、低温、有毒物质的浓度等。

（2）矿山企业要求强制性检查的项目有：矿井风量、风质、风速及井下温度、湿度、噪声、瓦斯、粉尘、矿山放射性物质及其他有毒有害物质，露天矿山边坡、尾矿坝，提升、运输、装载、通风、排水、瓦斯抽放、压缩空气和起重设备，各种防爆电器、电器安全保护装置，矿灯、钢丝绳等，瓦斯、粉尘及其他有毒有害物质检测仪器、仪表，自救器，救护设备等。

（3）特种劳动防护用品：安全帽，防尘口罩或面罩，防护服、防护鞋，防噪声耳塞、耳罩等。

【例4—5】某工业园区粉尘专项安全生产检查

1. 基本情况

抽查以下4家企业进行了粉尘爆炸事故隐患专项安全生产检查：××木业有限公司、××家具制造有限公司、××铸造有限公司和××机械制造有限公司。其中，××木业有限公司和××家具有限公司涉及木粉粉尘爆炸危险和职业危害，××铸造有限公司和××机械制造有限公司涉及金属铝粉粉尘爆炸危险和职业危害。

2. 检查依据

本次专项检查工作严格依据国家法律法规、文件和规范标准，编制安全生产检查表。依据如下：

《中华人民共和国安全生产法》

《工贸行业重点可燃性粉尘目录》(2015年版)

GBZ 1—2010《工业企业设计卫生标准》

GBZ 1.1—2007《工作场所有害因素职业接触限值　第1部分：化学有害因素》

GBZ 1.2—2007《工作场所有害因素职业接触限值　第2部分：物理因素》

GB 15577—2007《粉尘防爆安全规程》

GB/T 29304—2012《爆炸危险场所防爆安全导则》

GB 50058—2014《爆炸危险环境电力装置设计规范》

GB/T 17919—2008《粉尘爆炸危险场所用收尘器防爆导则》

AQ 3009—2007《危险场所电气防爆安全规范》

GB 17269—2003《铝镁粉加工粉尘防爆安全规程》

AQ 4228—2012《木材加工系统粉尘防爆安全规范》

GB/T 15605—2008《粉尘爆炸泄压指南》

GB 50016—2014《建筑设计防火规范》

GB 50057—2010《建筑物防雷设计规范》

3. 专项检查内容

对4家企业的检查内容如下：

(1) 安全生产基础管理。包括机构和职责、管理制度、培训教育、事故隐患排查治理、应急救援预案及其演练等内容。

(2) 作业场所管理。包括建（构）筑物结构与布局、爆炸危险场所、防爆电气设备、防雷与防静电、通风除尘及作业安全等内容。

4. 存在的问题分析

(1) 两家木业、家具企业存在的问题分析

1) 安全生产基础管理存在的共性问题：

①对涉及粉尘爆炸的安全生产和职业危害防护意识不强，特别是企业负责人对粉尘的危险性和危害性严重缺乏认识。

②企业安全生产主体责任落实不到位。对粉尘爆炸涉及的标准、规范要求不熟悉，未建立健全安全生产、防电防雷防火制度和清灰制度，粉尘清理不及时、不彻底，造成积尘严重。

③没有严格执行粉尘爆炸危险作业场所安全操作规程、劳动防护制度、清扫制度，未建立清扫台账，除尘器无维护保养和清灰记录。

④对安全生产管理人员和作业工人的粉尘危害的相关知识培训教育工作明显不足，导致其个体防护装备如口罩等配备和佩戴不规范。

2) 打磨作业现场存在的共性问题：

①打磨作业现场无危害告知牌、安全标志和防爆标志。

②作业场所未见明显的路标和应急照明标示。

③存在用电事故隐患，现场普通插座和线路较多，易积尘。

④粉尘作业场所的厂房未作防雷防静电安全检测报告。

⑤无作业场所粉尘浓度检测报告，对监控作业场所的粉尘浓度工作缺失。

⑥个别人员口罩佩戴不规范。

3) 其他问题：

××家具制造有限公司打磨车间无排尘罩，空气目视含尘量偏高，不满足职业卫生要求，且作业电器采用普通插座，易积尘造成事故隐患。集尘器设置在室内，室内积尘严重，未及时清扫，门外无防火防爆警示标志。

××木业有限公司打磨作业区物品堆放过多导致通道不畅，影响应急疏散。个别除尘器设置在室内，并和打磨作业形成交叉作业。

(2) 两家涉铝粉制造企业存在问题分析

1) ××铸造有限公司存在的问题：

①管理层面。企业仍未开展安全生产标准化建设，未建立安全生产责任制和

各项安全生产管理制度。安全员无证上岗，企业负责人和安全员对安全生产职责不明确，安全员对作业现场作业不熟悉，需要落实的安全生产职责和工作基本处于空白。

②作业现场。1台产尘设备处于非受限空间，但地面铝粉积尘严重，未作及时清扫。现场6 m范围内有动火作业，10 m左右位置有金属敲击作业。在有自然风的情况下有形成扬尘的可能，有铝粉轰燃事故发生的可能性。产尘点放置钢瓶，且钢瓶状态不规范。

作业现场无防火防爆安全标志，作业人员无防爆措施和安全操作规程、佩戴防尘口罩不规范，用电线路无防爆措施，厂房无防雷防静电安全检测报告。

铝粉被作为普通垃圾处理掉，造成环境危害和自燃事故隐患。

2）××机械制造有限公司存在的问题：

①管理层面。未建立除尘器管理制度及台账记录，未建立劳动防护用品配备发放台账。

②作业现场。无粉尘爆炸作业场所安全标志，作业危害标志不醒目；打磨作业人员护目镜佩戴不规范；打磨作业设备线路未采用钢管套管或铠装式保护；厂房建筑未做防雷防静电安全检测报告。

③通风除尘系统。通风除尘系统的管道未定期清扫，管道内粉尘浓度检测、监测和检查工作缺失，存在粉尘爆炸事故隐患。

5. 工作措施建议

（1）两家木业、家具企业工作措施建议

1）培训教育措施。对企业主要负责人开展落实企业安全生产主体责任的培训，增强其“红线”意识，提高对粉尘爆炸危险性的警惕，促进企业落实安全生产主体责任，落实防爆和防治职业危害的安全生产投入。

组织开展对涉及粉尘危害的企业作业人员的培训和教育，提高其安全意识和健康意识，确保持证上岗。督促企业落实对作业人员的三级安全教育，督促企业做好作业安全和防火防爆等的告知。

2）企业基础管理措施。严格落实并运行企业安全生产标准化，严格执行防电、防雷、防火制度和清灰制度，严格执行除尘系统清灰和作业现场清扫工作并建立工作台账和事故隐患识别及整改台账。

3）作业现场整改措施。打磨作业现场在醒目的位置设置危害告知牌、安全标志和防爆标志，设置醒目的路标和应急照明标志。

4）保证作业人员防尘口罩配备、佩戴正确。

5）落实打磨作业场所木粉浓度检测工作，对作业场所木粉浓度形成有效监控。

6）打磨车间的厂房建议做防雷防静电安全检测报告。

××家具制造有限公司打磨车间粉尘浓度偏高，应安装排尘罩和除尘系统；保障作业现场的电器防爆；立即落实对集尘器所在的受限空间的定期清扫制度，并在门外设置防火防爆警示标志。

××木业有限公司要保障打磨作业区通道通畅；建议进一步识别作业区的粉尘爆炸危险性，除尘器应配备抑爆系统或保证除尘器强度足以承受收集物发生爆炸无泄放时产生的最大爆燃压力；若不能做到，则应立即将除尘器移至室外。

（2）两家涉及铝粉制造企业工作措施建议

1）××铸造有限公司工作措施建议。立即启动安全生产标准化建设工作，落实安全生产责任制和粉尘防爆管理制度，安全员必须持证上岗。立即将铝粉产尘点同动火作业区隔离，并移除产尘点的钢瓶。定期清理粉尘集聚区，保障粉尘作业区清洁，并建立清扫台账。粉尘作业用电器落实防爆、防雷措施，并做防雷防静电检测报告。对作业人员开展安全生产培训和教育，保证持证上岗，规范劳动防护用品的佩戴。

在粉尘作业区设置作业危害告知和防爆标志。

2）××机械制造有限公司工作措施建议。江苏昆山金属厂“8·2”特大爆炸事故触目惊心，事故车间除尘系统较长时间未按规定清理，铝粉尘集聚最终导致爆炸。建议××机械制造有限公司立即开展对除尘系统管道的定期清扫，立即落实除尘系统内的粉尘浓度检测、监测和检查工作，消除粉尘爆炸事故隐患。

建立除尘器管理制度及台账记录，建立劳动防护用品配备发放台账。

构件打磨作业场所增加醒目的安全标志和作业危害标志，打磨作业人员正确佩戴个体防护装备；打磨作业设备线路要采用钢管套管或铠装式保护；厂房建筑要做防雷防静电安全检测报告。

五、安全生产检查表的主要内容

安全生产检查表作为安全生产检查工作的一个重要手段，其内容主要包括认识方面、管理情况、规章制度、落实情况、事故隐患情况、应急救援等方面。

1. 认识方面

检查企业主要负责人和各级管理人员的思想认识，是否把职工的安全健康放在首位，对安全法律法规、政策和安全生产方针是否认真贯彻执行。

2. 管理情况

主要是检查企业主要负责人是否把安全生产列入议事日程；企业主要负责人是否将“五同时”的安全要求落到实处；新建、改建、扩建的工程项目与安全卫生设施是否执行同时设计、同时施工、同时投产的“三同时”原则。

3. 规章制度

安全生产规章制度是否健全，是否制定了各级安全生产责任制。

4. 落实情况

法律法规、各级安全生产责任制是否落实，规章制度是否执行。

5. 事故隐患情况

通过检查生产设备、劳动条件、安全卫生设施是否符合安全要求以及劳动者在生产中是否存在着不安全行为等，找出不安全因素和事故隐患。

6. 应急救援

检查企业是否制定了应急救援预案并定期进行了演练，对应急预案是否及时进行修订并始终保持有效版本等。

安全生产检查表的对象和内容决定其应用的针对性和效果。安全生产检查表必须包括生产系统的全部主要部位，不能忽略主要的潜在不安全因素，应从检查部位中引申和发掘与之有关的其他潜在危险因素。对专业性安全生产检查表，应特别注意合格标准。

【例 4—6】某公司综合安全生产检查表和专项安全生产检查表（见表 4—1 和表 4—2）

表 4—1　　某公司综合安全生产检查表

被检查单位：　　单位负责人：　　检查时间：　　年　月　日

<table>
<tr><td>人员</td><td colspan="5"></td></tr>
<tr><td>目的</td><td colspan="5">对生产过程及安全生产管理中可能存在的事故隐患、危险有害因素、缺陷等进行查证，查找不安全因素和不安全行为，以确保事故隐患或危险、有害因素或缺陷存在状态，以及它们转化为事故的条件，以制定整改措施，消除或控制隐患和有害与危险因素，确保安全生产，使企业符合《危险化学品从业单位安全标准化通用规范》（AQ 3013—2008）的要求</td></tr>
<tr><td>要求</td><td colspan="5">按照《危险化学品从业单位安全标准化通用规范》的要求认真检查，查出不符合项。对查出的问题及时处理，暂时无法处理的应采取有效的预防措施，并立即向公司安全生产委员会和市安全生产监督管理局汇报</td></tr>
<tr><td>内容</td><td colspan="5">见检查项目</td></tr>
<tr><td>计划</td><td colspan="5">每年不少于 4 次检查</td></tr>
<tr><td rowspan="2">序号</td><td rowspan="2">检查项目</td><td rowspan="2">检查标准</td><td rowspan="2">检查方法（或依据）</td><td colspan="2">检查评价</td></tr>
<tr><td>符合</td><td>不符合及主要问题</td></tr>
<tr><td>1</td><td>安全生产责任制</td><td>1. 认真贯彻国家和上级部门颁发的安全生产方针、法律法规、规定、指示
2. 组织制定本部门的安全生产管理制度和人员安全生产职责，并进行考核，层层签订安全生产责任状
3. 组织本部门人员安全生产学习、岗位练兵、反事故演练等安全生产活动，落实安全生产教育管理制度，对新入厂人员（包括实习、代培人员）进行车间、班组级安全教育，考试合格后方准分配到班组工作
4. 基层单位组织实施本部门的安全技术操作规程和职业卫生措施
5. 基层单位每周组织一次安全生产检查，并落实整改措施
6. 发生事故及时处理、上报，按事故处理“四不放过”原则组织落实</td><td>查部门安全生产管理制度，岗位安全生产职责及相关台账、记录等</td><td></td><td></td></tr>
<tr><td>2</td><td>工艺管理</td><td>1. 岗位操作人员严格遵守操作规程，中控指标的执行良好，操作记录及时、真实，字迹清晰工整
2. 各安全联锁装置必须投用、完好，摘除、恢复联锁装置必须履行相关手续
3. 冬季防冻防凝保温、夏季防暑降温措施完好</td><td>查现场查记录</td><td></td><td></td></tr>
<tr><td>3</td><td>设备管理</td><td>1. 认真执行设备管理制度，设备维护保养、润滑、包机等落实到位
2. 备用设备状况良好，定期检查维护，达到随时启用
3. 现场无跑、冒、滴、漏现象，卫生状况良好
4. 机泵泵体、阀门、法兰、压力表、温度计等完好。无杂音、无振动，暴露在外的传动部位有符合标准的安全防护罩</td><td>查现场</td><td></td><td></td></tr>
</table>

续表

序号	检查项目	检查标准	检查方法（或依据）	检查评价	
				符合	不符合及主要问题
4	关键装置及重点部位	严格执行关键装置重点部位安全管理制度。设备、设施运行良好，各监测报警装置安装齐全，运行良好，安全附件齐全并均在检测期内，运行良好，档案及安全检查记录齐全，应急预案按期演练	查现场及记录		
5	电气管理	严格执行各项规程，落实防火、防水、防小动物措施，室内通风良好，照明良好。变、配电间清洁卫生、无渗漏油现象，变压油位、油温正常，无杂音，各接地良好，附属设备完好。按要求配备绝缘工具，定期检查，有测试报告和记录。防爆区电气设施符合防爆要求	查现场及记录		
6	消防管理	供水消防泵、一切设施完好，随时处于备用状态。厂区内消火栓开启灵活，出水正常，排水良好，出水口盖、橡胶垫圈齐全完好。消防枪、消防水带等完好，消防水管管径及消火栓的配备数量和地点应符合国家标准。消防柜内器材放置在干燥、清洁处，附件完好无损。消防通道畅通无阻，消防水管保温良好	查现场		
7	化学品管理	化学品原料有“一书一签”，储存地点和储存方式符合有关规定。使用过程中，防中毒、防飞溅、防火防爆、防静电、防泄漏等防护措施落实到位，废弃的危险化学品包装物进行无害化处理	查现场及记录		
8	安全生产设施	避雷设施完好且冲击接地电阻小于 10 Ω。各安全阀、液位计、压力表完好且均在检验期内，远传信号良好，上、下限报警正常。各安全联锁装置运行正常，且定期试验。各储罐区防火堤、防护堤完好，各部位易燃气体、有毒气体泄漏报警装置运行良好，且定期标定。单体泄漏后，喷淋等安全装置时刻处于备用状态。各有毒有害岗位的过滤式防毒面具、空气呼吸器、防化服等设备完好有效，且定期维护	查现场及记录		
9	厂房建筑	各建、构筑物的墙体无倾斜、裂纹，基础无塌陷，房顶及框架无腐蚀、开裂、倾斜、漏雨等现象。建、构筑物的防火间距符合国家有关标准，间距不够的采取了防范措施。防雷设施完好，防腐处理完好，通风、防汛设施完好。地沟及地沟盖完好无损	查现场及记录		

检查人签名：	陪检查人签名：

表 4—2　　某公司设备、设施专项安全生产检查表

被检查单位：　　　　单位负责人：　　　　检查时间：　　　　年　月　日

<table>
<tr><td>人员</td><td colspan="5"></td></tr>
<tr><td>目的</td><td colspan="5">对生产过程中使用的设备、设施可能存在的事故隐患，危险、有害因素，缺陷等进行查证，查找不安全因素和不安全行为，以确定事故隐患或危险、有害因素或缺陷的存在状态，以及它们转化为事故的条件，以制定整改措施，消除或控制事故隐患和有害、危险因素，确保生产安全，使企业符合《危险化学品从业单位安全标准化通用规范》(AQ 3013—2008) 的要求</td></tr>
<tr><td>要求</td><td colspan="5">按照《危险化学品从业单位安全标准化通用规范》的要求认真检查，不放过任何可疑点。对查出问题及时通知有关单位处理，暂时无法处理的应督促有关单位采取有效的预防措施，并立即向安全环保处、生产技术部或公司主要负责人报告</td></tr>
<tr><td>内容</td><td colspan="5">见检查项目</td></tr>
<tr><td>计划</td><td colspan="5">每年不少于两次检查</td></tr>
<tr><td rowspan="2">序号</td><td rowspan="2">检查项目</td><td rowspan="2">检查标准</td><td rowspan="2">检查方法(或依据)</td><td colspan="2">检查评价</td></tr>
<tr><td>符合</td><td>不符合及主要问题</td></tr>
<tr><td>1</td><td>检测报警设施</td><td>具有产生危险、有害因素的过程，应配备监控检测仪器、仪表，必要时配置自动联锁、自动报警装置</td><td>查现场</td><td></td><td></td></tr>
<tr><td>2</td><td>安全防护设备、设施</td><td>1) 运动的机械零部件应设计可靠的防护设施、挡板或安装围栏
2) 装置、设备、设施以及建（构）筑物，应设计可靠的防雷保护装置，防止雷电对人体、设备及建（构）筑物的危害和破坏。防雷设计应符合国家标准和有关规定
3) 变配电装置和低压供电线路终端，应设计防雷电波侵入的防护措施
4) 应根据生产工艺要求、作业环境特点和物料性质装置防静电设备
5) 遮护物和外罩必须可靠地固定，并应具有足够的稳定性和耐久性
6) 配电线路应装设短路、过负载和接地故障保护，用于切断供电电源或发出报警信号</td><td>查现场及记录</td><td></td><td></td></tr>
<tr><td>3</td><td>作业场所防护设施</td><td>装置内有发生坠落的操作岗位时，应按规定设计便于操作、巡检和维修作业的扶梯、平台、围栏等附属设施。设计扶梯、平台和栏杆应符合相关国家标准的规定</td><td>查现场</td><td></td><td></td></tr>
<tr><td>4</td><td>安全警示标志</td><td>1) 装置、罐区、装卸车场按规定设置安全警示标志
2) 生产场所与作业地点的紧急通道和紧急出入口均应设置明显的标志和指示箭头</td><td>查现场</td><td></td><td></td></tr>
</table>

续表

序号	检查项目	检查标准	检查方法（或依据）	检查评价	
				符合	不符合及主要问题
5	泄压和止逆设施	有爆炸危险的甲、乙类厂房，应设置必要的泄压措施	查现场		
6	灭火设施	1）生产车间、仓库、罐区、装卸车场等场所均按要求配备足量灭火器 2）消防用水量能满足要求	查现场		
7	紧急个体处置设施	具有化学灼伤危险的作业区，应设计必要的洗眼器、淋洗器等安全防护措施，并在装置区设置救护箱	查现场		
8	应急救援设施	应当配备必要的应急救援器材、设备，并进行经常性维护、保养，保证正常运转	查现场		
9	逃生避难设施	1）建筑物的安全疏散门最小宽度不应小于0.8 m，应向外开启，操作间的门窗应向外开启 2）有爆炸危险的甲、乙类厂房内不应设置办公室、休息室 3）工厂、仓库应设置消防车道 4）按有关规定，在生产区域设置风向标	查现场		
10	劳动防护用品和装备	企业应按国家规定为从业人员配备合格的劳动防护用品和装备，从业人员应正确佩戴劳动防护用品	查现场		
检查人签名：			陪检查人签名：		

第二节　设备故障诊断检查技术

一、概述

随着工业生产设备的日益大型化、复杂化、自动化，一个零部件发生故障，不仅会使整台设备损坏，还会迫使生产中断，甚至造成人身伤亡。另外，现代化的机器设备结构复杂、技术要求高，没有先进的仪器和科学的方法，无法对设备的性能、可靠性和防止突发性事故做出预测，就难以找出产生故障的事故隐患原因，不能及时加以排除。近年来，机械设备的状态监测和故障诊断技术已在各类生产企业中得到了广泛的应用，表 4—3 为状态监测和故障诊断技术在化工设备检查中的应用。

表 4—3　　运行中的化工设备检查实例

类别	检查项目	目的	使用的仪器或检查方法
塔槽	厚度测量	壁厚减薄检查	超声波测厚仪
	表面温度测量	内衬耐火材料裂缝及脱落	表面温度计、热敏涂料
	热流测量	散热检查	热流计
	热图像测定	保温、绝热不良、泄漏	红外线照相仪
	腐蚀率测量	腐蚀量测量、腐蚀速度检测、腐蚀状况检查	腐蚀测量仪、成分分析仪
	液体物料取样口法兰泄漏检查	不正常状况检查	气体检测器、肥皂水检漏、超声波泄漏检测器
换热器	振动缺陷探伤	防止疲劳损坏、裂纹、焊缝缺陷、材质不良、内部缺陷等	手摸、振动测量仪、射线透视、超声波探伤、磁粉探伤、渗透探伤、硬度计
	厚度测量	壁厚减薄	超声波测厚仪、射线透视检查
	表面温度测量	散热、保温状况	表面温度计、热敏材料
	热流测量	检查	热流计
	热图像测定	泄漏检查	红外线照相仪
	测定冷却水中的离子浓度、流体的压力温度、流量测量	检查换热器管子、腐蚀、结垢、污浊	成分分析仪、压力表、温度计、流量计
	法兰泄漏	不正常情况检查	气体检测器、超声波泄漏检测器、肥皂水检漏
	换热器内部泄漏	检查管板与管子之间的磨损	在低压侧出口处设置取样口分析成分
	缺陷探伤	裂纹、焊缝缺陷、不合格材料、内部缺陷等	射线探伤超声波探伤、磁粉探伤、渗透探伤、肥皂水检漏、硬度测量仪
加热炉	测定炉外弯曲部位的厚度	腐蚀壁厚减薄检查	射线透视
	炉管变形、起泡、弯曲，支架变形、弯曲	检查表面温度，检查炉管堵塞情况、炉管脱落	高温温度计、红外线照相仪、表面温度计（非接触型）
	表面温度	检查炉管的异常，烟囱、烟道、炉表面的绝热材料的断裂和脱落	红外线照相仪
	法兰、U 型管处的泄漏	检查不正常情况	气体检测器、超声波泄漏检测器

续表

类别	检查项目	目的	使用的仪器或检查方法
回转机械	振动测量、异常声音检测、轴承损伤	检查各异常部位	振动测量仪、振动分析装置、回转机器异常诊断装置
	润滑油、密封油的性能	防止故障	水分测量仪、油分析
配管	厚度测量	壁厚减薄	超声波测量仪、放射性同位素
	内外表面腐蚀结垢、污浊	—	放射性同位素
	测量热流、热图像、表面温度	检查散热及保温功能	红外线照相仪、热流计
	法兰泄漏	检查泄漏部位	气体检测器、超声波泄漏检测器、红外线照相仪、肥皂水检漏
	缺陷探伤	检查裂纹、焊缝、内部缺陷	射线透视超声波探伤、磁粉探伤、渗透探伤、肥皂水检漏、硬度测量
	振动测量	防止疲劳破坏	振动测量仪

设备诊断技术是一种了解和掌握设备在使用过程中的状态，确定其整体或局部是否正常，早期发现故障及其原因，并能预报故障发展趋势的技术。机械设备故障诊断技术日益获得重视与发展的原因是：随着科学技术与生产的发展，机械设备工作强度不断增大，生产效率、自动化程度越来越高。同时设备更加复杂，各部分的关联愈加密切，往往某处微小故障就会爆发连锁反应，导致整个设备乃至与设备有关的环境遭受灾难性的毁坏。例如，1973 年美国三里岛核电站堆芯损坏事故；1984 年印度博帕尔市农药厂异氰酸甲酯毒气外泄事故；1985 年美国航天飞机“挑战者号”的坠毁；1986 年苏联切尔诺贝利核电站泄漏事故；1986 年欧洲莱茵河瑞士化学工业污染事故等。重要设备因事故停机造成的损失极为严重，除了造成人员伤害甚至导致死亡事故外，还会导致严重的经济损失。

设备诊断技术主要包括 5 方面的内容：正确选择与测取与设备有关状态的特征信号；正确地从特征信号中提取与设备有关状态的有用信息；根据征兆正确地进行设备的状态诊断；根据征兆与状态正确地进行设备的状态分析；根据状态分析正确地做出决策。

设备故障信息的获取方法有直接观测法、参数测定法、磨损残余物的测定、设备性能指标的测定。

设备故障诊断过程如图 4—2 所示。

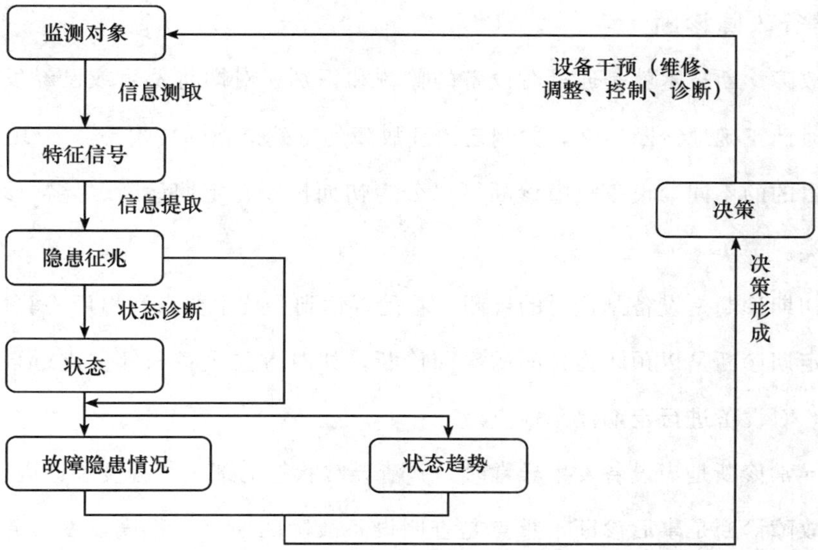

图 4—2 设备故障诊断过程

二、设备状态监测和故障诊断

1. 设备状态监测

设备状态监测是掌握机器设备当前状态的技术。它是用人工或借助专门的仪器，对设备规定的监测点进行间断或连续的状态参数的检测，并把它与所允许的极限值进行比较，以确定设备的劣化程度和继续运行的时间。

设备在运行时伴随产生多种信息，当机器设备的功能逐渐劣化时就出现相应的异常信息。例如，当设备的状态变化时就产生异常振动、噪声、温度、转速、功率等机械信号；设备劣化过程中所产生的磨损微粒、油液及气体成分变化的化学信号以及电流、电压、电磁信号等。其中有些信号对设备监测和诊断极为敏感，人们通过对其敏感信号实地、直观、精确地观察、记录、对比分析，从而实现对设备的状态监测。通过状态监测，把设备状态分成表 4—4 所示的类型。

表 4—4 设备状态的划分

设备状态	部件			设备性能
	应力	性能	缺陷状态	
正常	在允许范围内	满足规定	微小缺陷	满足规定要求
异常	超过允许范围	部分降低	缺陷扩大	接近规定要求，部分降低
故障	达到破坏值	达不到规定	破损	达不到规定要求

2. 设备故障诊断

设备故障诊断技术就是通过对设备的监测和识别，对即将发生或已经发生的设备故障能及时而正确地诊断出来，并制定治理故障的有效措施的技术。

根据目的的不同，设备故障诊断可以分为初期诊断、定期诊断、异常诊断、故障诊断等四类。

（1）初期诊断是设备制造时的检测，看是否达到了技术要求和出厂检验标准。

（2）定期诊断是以预防为目的的事前诊断，如对重要设备和部位进行自动连续的状态监测，对设备进行定期停车检查。

（3）异常诊断是当设备发生异常时，弄清异常状态的部位、程度和原因。

（4）故障诊断是事后诊断，重点是查明设备故障的原因、程度及发展趋势，并做出决策，决定治理和维修措施，提出改进方案。

设备故障诊断技术分为简易诊断和精密诊断：简易诊断是为了迅速而概括地掌握机器目前的状态参数是否在允许值范围内及其劣化趋势，所用的监测仪器为便于携带的检验仪器；精密诊断是最终诊断，其目的是通过监测和数据处理分析，最终确定机器发生异常的原因、部位、程度及发展趋势等，并决定应采取的治理措施。

三、振动和噪声故障检测技术

1. 振动和噪声的故障检测方法

振动和噪声的故障检测的方法有：

（1）振动法。对机器主要部位的振动值如位移、速度、加速度、转速及相位值等进行测定，与标准值进行比较，据此可以宏观地对机器的运行状况进行评定，这是最常用的方法。

（2）特征分析法。对测得的上述振动量在时域、频域、时—频域进行特征分析，用以确定机器各种故障的内容和性质。

（3）模态分析与参数识别法。利用测得的振动参数对机器零部件的模态参数进行识别，以确定故障的原因和部位。

（4）冲击能量与冲击脉冲测定法。利用共振解调技术以测定滚动轴承的故障。

（5）声学法。对机器噪声的测量可以了解机器运行情况并寻找故障源。

2. 振动监测技术

在机械设备的状态监测和故障诊断技术中，振动监测是普遍采用的方式之一。当机械设备内部发生异常时，一般都会随之出现振动加大和工作性能的变化。因此，根据对机械振动信号的测量和分析，不用停机和解体就可对机械的劣化程度和故障性质有所了解。

描述机械振动的3个基本要素是振幅、频率和相位，从振动的频率范围分，有低频振动、高频振动和超低频振动。一般情况下，低频时的振动强度由位移度量，中频时的振动强度由速度值度量，高频时的振动强度由加速度值度量，这些都是振动监测的参数。每台设备振动检测和故障诊断仪器都需要有传感器、前置放大器和显示器3个部位。根据不同测试内容的需要可增加滤波器、积分器、检波器和频率分析部分。目前，我国已经生产出十多种设备诊断仪器，在实际应用中已收到良好效果。

3. 噪声监测技术

机器运行过程中所产生的振动和噪声是反映机器工作状态的诊断信息的重要来源。机器的振动和噪声是机器运行中的一种属性，所有机械设备都不可避免地要产生振动和噪声。但是，振动和噪声的增加，一定是故障引起的。因此噪声监测是设备诊断技术的方法之一。

声音的主要特征为声压、声强、频率、质点振速和声功率等，这些都是测量的参数。噪声测量系统必须要有传声器、放大器和记录器，以及分析装置等。传声器是一种把声能转换成电能的电声器件，可用来直接测量声场中的声压。然后再经前置放大器、输入放大量、滤波器或计权网络、输出放大器、检波显示装置等，可直接读出或记录声级、声源谱图，进而采用分析仪进行声源频谱分析。另外，采用双话筒互谱技术进行声强测量，利用声强的方向性进行故障定位和现场条件下的声功率级的确定。噪声测量仪器主要有声级计、声强测量仪和声强谱分析仪等。

四、红外测温与成像技术

在工业生产和工程测试中，温度监测可及时反映在线设备的运行情况，为运行人员提供操作依据，为自动化装置提供信号，同时通过监测数据的异常分析帮助识别事故隐患，从而为保证设备安全、经济运行及实现自动化提供重要的条件。

温度监测仪表、仪器的种类很多，其工作原理也不同，按其测温方式可分为两类：

接触式测温和非接触式测温。接触式温度计是利用物体体积随温度的变化来实现温度测量的，如液体或固体膨胀式温度计，液、气、固体压力式温度计，还有利用金属或半导体电阻的变化来实现温度测量的，如电阻温度计、热电偶温度计。

非接触式测温的原理是利用被测物体的热辐射现象，热辐射是自然界极为普遍的现象，任何物体，只要它的温度高于绝对零度（−273.15℃），就有一部分热能变为辐射能。物体温度不同，其辐射波的波长组成不同，辐射能量也不同。该能量包括可见光与不可见的红外线两部分。当物体温度在千摄氏度以下时，其热辐射中最强的波均为红外辐射。利用红外辐射原理制造的光电高温计可自动测温、自动记录和远距离传送。近年来，红外测温的仪器不仅有红外点温仪、红外线温仪，还有红外电视和红外成像系统。

红外热成像系统是利用红外传感器接收被测目标的红外线信号，经放大和处理后送至显示器，形成该目标温度分布二维可视图像的装置。

红外热成像仪在各工业部门都得到了广泛的应用。在化工生产中，用红外热成像仪检查换热器的泄漏和堵塞是最有效的方法，还可检测：密封漏油故障；测量转化炉炉墙温度，对其保温状况和热损失部位的检测；对乙烯生产的裂解炉管及炉壁保温材料的检测；对重整反应器内套搭接焊缝的检查等。

五、油液分析技术

机械零件的失效是影响机器正常运行的主要障碍之一。在任何机械系统中，伴随相接触的金属零件间的相对运动，都会发生磨损。因此，机械零件的磨损失效是最常见、最主要的失效形式，有80%的机械设备失效是磨损失效，而且总能源消耗中近一半为摩擦消耗。为了减少机械设备中做相对运动部件表面之间的摩擦和磨损，通常在运动表面之间加入润滑剂。由于运动件的表面磨损，就会产生磨屑微粒并进入机械润滑系统中，大多数磨屑微粒在油液中呈悬浮状态。各种机械的工作状态（跑合期、正常磨损期、严重磨损期）产生的磨粒有不同特征（形态、尺寸、表面形貌、数量和粒子分布等），它们代表和反映了不同的磨损失效类型（黏着磨损、磨料磨损、表面疲劳磨损、腐蚀磨损等），因此，根据颗粒的材料和成分不同可以分辨颗粒的来源。油液分析技术对研究机械磨损的部位和过程判断，磨损失效的类型、磨损的机理、油品评价有着重要作用，而且也是在不停机、不解体的情况下对机械设备状态监测和故障诊断的重要手段。特别是对低速运转的机械及往复机械，利用振动和噪声监测技术判断故障往往较为困难，而油液分析技术则是一种较为有效的方法。

油液分析技术可分为两大类：一类是油液本身的物理化学分析，这是因为润滑系统是机械设备的重要组成部分，润滑剂的性能与状态直接影响机器摩擦副的磨损状态，对润滑剂理化性能的监测，就是对润滑系统工作状态的监测；另一类是油液中不溶物质的分析技术，也称为磨屑检测技术，它是监测摩擦副本身工作状态的手段。

磨屑检测的方法主要有两种：光谱分析法和铁谱分析法。它们共同的特点是通过测定油液中所含各种金属元素的含量，反推出含有这些元素的机械零件、润滑系统和液压系统的磨损状态，达到对机械设备工况监测和故障诊断的目的。

六、无损检测技术

凡是能对材料或设备的缺陷、故障实行无损性检验的各种机械、声、光、热、电、磁、电磁辐射、核辐射、化学、粒子束等方法，广义上都可认为是无损检测方法。常用的无损检测方法有超声探伤法、射线探伤法、磁粉探伤法、渗透探伤法、涡流探伤法等。

无损检测技术始于 20 世纪 40 年代，美国首先开展这项技术，我国从 50 年代开始在各工业部门相继使用。目前，几乎所有的无损检测方法都得到实际应用。在石油化工生产中有很多锅炉压力容器、发动机、压缩机等现代设备，它们很多是在高温、高压、高速或高负荷条件下运行，如果这些设备在制造过程中产生各种各样的缺陷，如裂纹、疏松、气泡、夹渣、未焊透和脱粘等，那么在运行中由于应力、疲劳、腐蚀等因素的影响，上述各类缺陷又会不断产生和扩展。利用无损检测技术，不但可以检测出缺陷的存在，而且还能做出定性、定量的评定，其中包括对缺陷的定量测量，以确定缺陷的形状、大小、位置、取向、内含物等，进而对有缺陷的设备分析出其缺陷危险程度及相应的对策。

（1）超声波探伤法。超声波探伤法的原理是利用电振荡在探头中激发高频超声波，入射到构件后若遇到缺陷部位，超声波会被反射、散射或衰减，再经探头接收变成电信号，进而放大显示；根据波形来确定缺陷的部位、大小和性质并由相应的标准或规范判定缺陷的危害程度。

（2）射线探伤法。射线（容易穿透物质的射线有 X、γ 和中子 3 种射线，在设备诊断中常用 X 和 γ 射线）在穿透物体的过程中，由于物体的吸收和散射，其强度要减弱。减弱的程度取决于物体的厚度、材料的性质和有无缺陷。当物体含有气孔时，气孔部分不吸收射线，容易通过；反之，若混有易吸收射线的异物夹杂，射线就难以通过。用强度均匀的射线照射被检测物体，使透过的射线在照相底片上感光、显影后，就得到与材料内部结构或缺陷相对应的黑度不同的图像。通过对这种射线底片的观察来检查缺陷的种类、大小和分布状况等，再依据相应的标准评定缺陷的危害程度。

（3）渗透探伤法。渗透探伤也叫液体渗透探伤，它所依据的原理是应用液体表面张力对固体产生的浸润作用以及液体的相互乳化作用等特性实现探伤，适用于所有材料的构件和各种形式的表面，是一种既古老又简便的无损检测方法。

渗透探伤法可以分为荧光渗透法和着色渗透法两种，前者需用紫外线照射才能观察，后者只要在明亮的自然光线下即可观察。渗透探伤法的基本步骤是：清洗受检查物的表面，涂刷渗透剂，让它有足够的时间充分渗透到缺陷中去，清洗并除去遗留在构件表面上的残余渗透剂。若使用乳化剂，则在渗透完成后再喷涂乳化剂，使不溶于水的渗透剂产生乳化作用，以便于清洗。将显像剂涂到构件表面上形成一层显像剂膜，由于毛细管的作用残留在缺陷中的渗透剂被吸出，并扩散进入显像剂膜中，形成足够大的带色显示痕迹，为人眼所分辨。

荧光渗透法是在暗室内用紫外线照射，形成黄绿色萤火，由此来判定缺陷的类型和大小。

（4）磁粉探伤法。铁磁性材质（铁、镍、钴）构件的表面或近表层有缺陷时，一旦被强磁化，就会有部分磁力线外溢成漏磁场，它对施加到构件表面的磁粉产生吸附作用，从而显示出缺陷的痕迹。这种由磁粉痕迹来判定缺陷位置、取向和大小的方法，称为磁粉探伤法。它也是一种古老而被广泛使用的方法，用于检测铁磁性材料或其构件表面和近表层的缺陷，可检出的典型缺陷为裂纹、重叠、发纹、冷隔和分层等。

缺陷漏磁场的强度和分布取决于缺陷的长度、取向、位置和被测表面的磁化强度。当缺陷取向与磁化方面互相垂直时，检测灵敏度最高；互相平行时，则无磁粉痕迹显示。为此，人们提出不同的磁化方法以适用于不同的缺陷类型：周化磁化法，对纵向缺陷敏感；纵向磁化法，对横向缺陷敏感；旋转磁场法，适用于构件任意方向的缺陷。

（5）涡流探伤法。涡流探伤是以电磁感应原理为基础的。当检测线圈与导电材料的构件表面靠近并通以交流电时，所产生的交变磁场将在构件表层感应出涡流。由于缺陷的存在，涡流的大小和分布会发生改变，根据所测得的涡流变化量，可以判断缺陷的情况，这种探伤方法称为涡流检测法，它也仅限于导体表面或近表面的探伤。与超声波方法相比，它不需直接接触物体表面，因此检测速度高，并便于实现高温检测。在化工生产中，热交换器和反应器中有很多管道，管道的缺陷主要是裂纹和腐蚀，利于涡流探伤法可以对管道进行在役检查。

七、声发射技术

声发射技术是声发射检测技术的简称。声发射是发出声音的意思，它是一种常见的物理现象。任何物体，在受到外力或内力作用而产生变形和断裂时，都会发出声音，即以弹性波的形式释放出应变能。当固体内部有缺陷或潜在缺陷时，在外部作用下将改变状态而自动产生应力波的辐射。试件或结构在承载过程中发生塑性变形或破坏时，由于固体材料的不均匀性，均会形成声发射源。利用声发射技术，从上述的声音信号中可判断该材料或构件在加载时所处的状态和断裂前的情况。

声发射技术是一种无损探伤技术，但又区别于其他无损探伤（射线、超声波、磁粉、着色等）方法。它是一种在各种外力或内力作用下进行的动态检测，即能够对裂纹等缺陷的变化和扩展实行“动态”无损检测。当缺陷处于无变化和无扩展的静止状态时，就没有声发射产生。

声发射技术发展至今，已成为一种快速、动态、整体性的无损检测手段，可在设备运行中实行状态监测，它的高灵敏度可以检测到微米数量级的显微裂纹的变化。对于大型构件可以实施整体检测，即采用多通道的探头，按一定阵式固定布置在整个大型构件上，一次试验就可检测到大型构件上的缺陷分布及其危害程度，这是其他常规无损检测方法无法做到的。

声发射技术应用范围很广泛，如在材料力学、断裂力学、焊接技术、结构试验、冶金、地质、地震、压力容器的安全监测等方面均有应用。在石油化工部门，可以利用声发射技术对压力容器、压力管道进行安全检测，如对大型乙烯球罐进行检测等。

第五章 事故隐患治理与应急能力建设

第一节 事故隐患治理工作方法

一、事故隐患治理措施

1. 有关事故隐患治理措施的规定

《国务院关于进一步加强企业安全生产工作的通知》（国发〔2010〕23号）中要求：企业要经常性开展安全隐患排查，并切实做到整改措施、责任、资金、时限和预案“五到位”。建立以安全生产专业人员为主导的隐患整改效果评价制度，确保整改到位。对隐患整改不力造成事故的，要依法追究企业和企业相关负责人的责任。对停产整改逾期未完成的不得复产。

（1）“五落实、五到位”是重大事故隐患整改的强力依据，必须据此严格执行，才能保证整改落到实处。其中“五落实”是指落实整改目标、落实整改措施、落实整改时限、落实整改责任、落实整改资金。

1）落实整改目标。为落实安全生产大检查工作的文件内容和要求，为进一步加强安全生产工作，严格落实各项安全防范责任和措施，有效防范和坚决遏制重特大事故。

2）落实整改措施。定期对施工现场进行安全生产大检查，检查发现安全生产问题要及时分析，落实相应的整改措施。

3）落实整改时限。根据存在安全生产问题的整改措施，制定相应的整改时限。

4）落实整改责任。根据存在的安全生产问题，落实问题相应的责任人。

5）落实整改资金。在相应责任人落实安全生产问题的整改措施后，统计整改所需费用，落实整改资金。

（2）在对事故隐患进行治理时，可遵循如下原则：

1）彻底消除原则。即采用无危险的设备和技术进行生产，实现系统的本质安全。这样，即使人出现操作失误或个别部件发生故障，也会因有完善的安全保护装置而避免伤亡事故的发生。

2）降低事故隐患危害程度原则。若事故隐患由于某种原因一时无法消除，应使其危害程度降低到人可以接受的水平。如作业场所中的粉尘不能完全排除时，可通过加强通风和使用个人劳动防护用品，达到降低吸入量的目的。

3）屏蔽和时间防护原则。屏蔽就是在事故隐患危害作用的范围内设置障碍，如吸收放射线的铅屏蔽等；时间防护就是使人处在事故隐患危害作用环境中的时间尽量缩短到安全限度之内，如国家已明确规定了生产噪声达到某一数值时，职工在此作业环境中的工作时间等。

4）距离和不接近原则。如对带电体应保持一定的距离，为此，规定了各级电压的安全距离；对于危险因素作用的地带，一般人员不得擅自进入等。

5）取代、停用原则。对无法消除事故隐患的危险场所，应采用自动控制装置或机器代替人进行操作，使人远离现场，进行遥控；或者停用设备，如离带电体安全距离不足时，采用停电方式进行检查。

总之，事故隐患制定治理措施要做到具体、细致、切实可行。要密切结合企业实际情况，针对检查出来的各类事故隐患，有针对性地提出可行的解决问题的对策、措施，制定整改方案，量化细化整改任务，明确整改时限，落实整改责任，建立台账销号制度，整改一件销一件。

2. 事故隐患治理措施

事故隐患治理及其方案的核心都是通过具体的治理措施来实现的，这些措施大体上分为工程技术措施和管理措施，再加上对重大事故隐患需要做的临时性防护和应急措施。

（1）治理措施的基本要求

1）能消除或减弱生产过程中产生的危险、有害因素。

2）处置危险和有害物，并降低到国家规定的限值内。

3）预防生产装置失灵和操作失误产生的危险、有害因素。

4）能有效地预防重大事故和职业危害的发生。

5）发生意外事故时，能为遇险人员提供自救和互救条件。

事故隐患治理的方式方法是多种多样的，企业应该同时考虑成本投入，需要最小代价取得最适当的结果。有时候事故隐患治理很难彻底消除，这就必须在遵守法律法规和标准规范的前提下，将其风险降低到企业可以接受的程度。可以这样说，“最好”的方法不一定是最适当的，而最适当的方法一定是“最好”的。

例如，员工未正确佩戴安全帽是一个典型的事故隐患，其治理方式在企业中主要是排查（检查）人员并对其批评指正，责令其马上纠正，通常是不需要制定治理方案的。但如果经过统计分析，发现这种现象普遍存在，成为一种习惯性和群体性违章，就要将这类事故隐患级别上升，并制定治理方案，采取多种措施和手段进行整改。

（2）工程技术措施。工程技术措施的实施等级顺序是直接安全技术措施、间接安全技术措施、指示性安全技术措施等，根据等级顺序的要求应遵循的具体原则应按消除、预防、减弱、隔离、连锁、警告的等级顺序选择安全技术措施，应具有针对性、可操作性和经济合理性并符合国家有关法律法规、标准和设计规范的规定。

根据安全技术措施等级顺序的要求，应遵循以下具体原则：

1）消除。尽可能从根本上消除危险、有害因素，如采用无害化工艺技术，生产中以无害物质代替有害物质、实现自动化作业、遥控技术等。

2）预防。当消除危险、有害因素有困难时，可采取预防性技术措施，预防危险、危害的发生，如使用安全阀、安全屏护、漏电保护装置、安全电压、熔断器、防爆膜、事故排放装置等。

3）减弱。在无法消除危险、有害因素和难以预防的情况下，可采取减弱危险、危害因素的危险程度的措施，如安装局部通风排毒装置，生产中以低毒性物质代替高毒性物质、降温措施、避雷装置、消除静电装置、减振装置、消声装置等。

4）隔离。在无法消除、预防、减弱的情况下，应将人员与危险、有害因素隔开或将不能共存的物质分开，如遥控作业、安全罩、防护屏、隔离操作室、安全距离、事故发生时的自救装置（如防护服、各类防毒面具）等。

5）连锁。当操作者失误或设备运行一旦达到危险状态时，应通过连锁装置终止危险、危害事故的发生。

6）警告。在易发生故障和危险性较大的地方，配置醒目的安全色、安全标志，必要时设置声、光或声光组合报警装置。

（3）安全生产管理措施。安全生产管理措施除了常用提高安全生产意识、加强培训教育和安全生产检查等方法之外，还要能系统性地解决很多普遍和长期存在的事故隐患。这就需要在实施事故隐患与治理时，主动地和有意识地研究分析事故隐患产生原因中的管理因素，发现和掌握管理规律，通过修订有关规章制度和操作规程并贯彻执行来从根本上解决问题。

二、不安全行为的控制

1. 不安全行为的控制方法

不安全行为是导致事故发生的直接原因，也是事故隐患排查与治理工作的重点。不安全行为的控制方法主要有外部监察、检查、同伴提醒、安全标志提醒等几种方式。

（1）外部监察、检查。监察是国家行政部门人员的执法活动，检查则是组织内部人员的发现、督促、纠正活动，其作用相近，都是由其他人发现操作人员的不安全行为，发现了一般会立即纠正，所以对于现场控制不安全行为是有效的。但是其效果很难长久持续，同时检查也不可能发现全部不安全行为，有时被检查的员工在被动接受检查时，会有躲避检查、抵触检查等现象，所以作用较为有限，但作为个人行为控制的末阶段方法，必不可少。监察与检查活动对于习惯性行为、组织行为等方面都有重要作用。

（2）安全标志提醒。安全标志主要是通过视觉提醒来使操作人员避免不安全行为，可以安设在操作现场，随时起作用。安全标志的作用可以理解为主动提醒，所以效果较好。当然，安全标志需要妥善制作，尤其是要按照法律法规、标准（如 GB 2894—2008《安全标志及其使用导则》等）的要求来制作与安装。安全标志的作用是广泛的，对于习惯性行为、组织行为等各个方面都很有用，而且是不安全行为控制的重要方法之一。

2. 员工的不安全习惯性行为的控制

员工的不安全习惯性行为是事故的间接原因，其本身并不产生事故，只会产生不安全行为、物的不安全状态，这两者才是产生事故的原因。所以习惯性行为控制的直接目的是减少不安全行为和物的不安全状态的产生。

（1）知识控制。知识控制就是增加员工的安全知识，是减少事故直接原因的最有效的方法。一方面，知识多了，员工在操作现场就会减少不安全行为；另一方面，知识多了，安全意识就会提高，就会及时重视、及时消除每个人的不安全行为和物的不安全状态。同时，安全知识提高，安全习惯就会相应得到改善，从而有效减少人的不安全行为和物的不安全动作。知识控制的作用原理如图 5—1 所示。

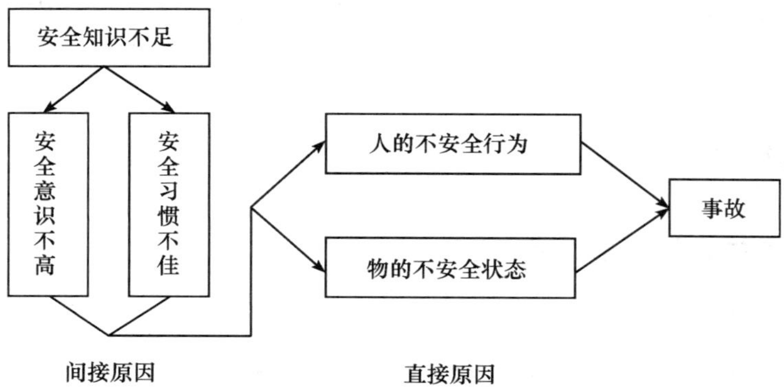

图 5—1　安全知识的作用原理

（2）意识控制

安全意识是指对危险源的重视程度和及时处理的能力。意识训练目前在国内外还缺少有效的方法，一般是通过知识控制达到提高安全意识的目的，因此安全知识水平决定安全意识的水平。

（3）习惯控制

习惯训练的方法有很多种，例如制定和实施标准操作程序（作业规程），行为安全法的直接目标制定都可使从业人员养成良好的操作行为习惯。安全习惯形成的关键在于反复训练，同时习惯的形成也在很大程度上依赖安全知识的增加。

（4）使用人机工程学方法控制人的行为

“挂牌上锁”是一种人机工程学方法，它是为防止在设备检修、维护过程中因电力合闸而造成人员伤害。此外，一些单位使用数字广播作为安全提醒（如超速驾驶提醒）系统，效果也是比较明显的。实际上使用技术措施来控制人的行为应该是最可靠的措施，但是人的行为是多种多样的，在各个地方和各个时间段都使用技术装备来控制是不可能的，而且技术进步也可能产生新的问题。

三、重大事故隐患治理

1. 制定重大事故隐患治理方案

《安全生产事故隐患排查治理暂行规定》（国家安全生产监督管理总局第16号令）（以下简称《规定》）第十五条规定：对于重大事故隐患，由生产经营单位主要负责人组织制定并实施事故隐患治理方案。重大事故隐患治理方案应当包括以下内容：

（1）治理的目标和任务。

（2）采取的方法和措施。

（3）经费和物资的落实。

（4）负责治理的机构和人员。

（5）治理的时限和要求。

（6）安全措施和应急预案。

第二十条规定："安全监管监察部门对检查过程中发现的重大事故隐患，应当下达整改指令书，并建立信息管理台账。必要时，报告同级人民政府并对重大事故隐患实行挂牌督办。安全监管监察部门发现属于其他有关部门职责范围内的重大事故隐患的，应该及时将有关资料移送有管辖权的有关部门，并记录备查。

根据这些规定，企业在制定重大事故隐患治理方案时还必须考虑安全监管监察部门或其他有关部门所下达的整改指令书和政府挂牌督办的有关内容的指示，也要将这些指示的要求体现在治理方案里。

2. 重大事故隐患治理过程中的安全防范措施

《规定》第十六条规定：生产经营单位在事故隐患治理过程中，应当采取相应的安全防范措施，防止事故发生。事故隐患排除前或者排除过程中无法保证安全的，应当从危险区域内撤出作业人员，并疏散可能危及的其他人员，设置警戒标志，暂时停产停业或者停止使用；对暂时难以停产或者停止使用的相关生产储存装置、设施、设备，应当加强维护和保养，防止事故发生。

3. 重大事故隐患的治理过程

《规定》第二十一条规定：已经取得安全生产许可证的生产经营单位，在其被挂牌督办的重大事故隐患治理结束前，安全监管监察部门应当加强监督检查。必要时，可以提请原许可证颁发机关依法暂扣其安全生产许可证。第二十二条规定：安全监管监察部门应当会同有关部门把重大事故隐患整改纳入重点行业领域的安全专项整治中加以治理，落实相应责任。

上述规定意味着企业在重大事故隐患治理过程中，还要随时接受和配合安全监管部门的重点监督检查。如果企业的重大事故隐患属于重点行业领域的安全专项整治的范围，就更应落实相应的整改、治理的主体责任。

4. 重大事故隐患治理情况评估

《规定》第十八条规定：地方人民政府或者安全监管监察部门及有关部门挂牌督办并责令全部或者局部停产停业治理的重大事故隐患，治理工作结束后，有条件的生产经营单位应当组织本单位的技术人员和专家对重大事故隐患的治理情况进行评估；其他生产经营单位应当委托具备相应资质的安全评价机构对重大事故隐患的治理情况进行评估。

这种评估主要针对治理结果的效果进行，确认其措施的合理性和有效性，确认对事故隐患及其可能导致的事故的预防效果。评估需要有一定条件和资质的技术人员和专家或有相应资质的安全评价机构实施，以保证评估本身的权威性和有效性。

5. 重大事故隐患治理后的工作

《规定》第十八条规定：重大事故隐患治理后并经过评估，符合安全生产条件的，生产经营单位应当向安全监管监察部门和有关部门提出恢复生产的书面申请，经安全监管监察部门和有关部门审查同意后，方可恢复生产经营。申请报告应当包括治理方案的内容、项目和安全评价机构出具的评价报告等。第二十三条规定：对挂牌督办并采取全部或者局部停产停业治理的重大事故隐患，安全监管监察部门收到生产经营单位恢复生产的申请报告后，应当在 10 日内进行现场审查。审查合格的，对事故隐患进行核销，同意恢复生产经营；审查不合格的，依法责令改正或者下达停产整改指令。对整改无望或者生产经营单位拒不执行整改指令的，依法实施行政处罚；不具备安全生产条件的，依法提请县级以上人民政府按照国务院规定的权限予以关闭。

【例 5—1】某企业重大事故隐患挂牌督办制度

第一章　总　　则

第一条　为认真贯彻落实《国务院关于进一步加强企业安全生产工作的通知》（国发〔2010〕23 号）文件精神，切实抓好安全生产重大事故隐患（以下简称重大事故隐患）的排查治理，有效预防事故的发生，根据《安全生产事故隐患排查治理规定》（国家安全生产监督管理总局令第16号）等文件规定，结合我项目部工程实际，制定本制度。

第二条 本制度适用于我项目部管段内工程的重大事故隐患挂牌督办活动及其监督管理。

第二章 重大事故隐患认定

第三条 重大事故隐患是指在公路水运工程施工过程中存在的危害程度较高、整改难度较大，可能导致群死群伤的安全事故隐患或造成重大经济损失和恶劣社会影响的安全事故隐患。

第四条 重大风险因素判定准则：风险因素的风险级别为3级及3级以上时，该风险因素为重大风险因素；风险评价小组认为应列入重大风险因素的因素；本年度发生伤亡事故的风险因素等。

第三章 重大事故隐患排查治理与挂牌督办制度

第五条 隧道施工是重大事故隐患排查治理和防控的责任主体，项目经理对重大事故隐患排查治理和防控全面负责。

（一）建立健全并落实从主要负责人到每个从业人员的重大事故隐患排查治理和监控责任制。定期或不定期组织安全生产管理人员、工程技术人员和其他相关人员排查本单位的重大事故隐患，按照定事故隐患、定措施、定资金、定时限、定责任人的“五定”原则限期整改。

（二）安全总监负责研究制定重大事故隐患的治理方案，对本工程难以解决的事故隐患要及时上报集团公司研究决定。

（三）项目经理负责对重大事故隐患进行挂牌督办，限期治理，复查验收，销号管理。重大事故隐患整改结束后，及时组织复查验收，验收合格后方可销号，并将复查验收结果报集团公司备案。

（四）安全部做好重大事故隐患的上报工作。

（五）及时对重大事故隐患进行分析汇总，建立台账、闭环管理。

第六条 安全部主要负责重大事故隐患的督促整改、分析通报等工作。

（一）安全部及时对重大事故隐患进行分析汇总，建立台账、闭环管理。每月25日前将存在的重大事故隐患及整改进展情况汇总后报项目部安全生产领导小组。对日常新排查出的重大事故隐患必须在24小时内上报安全生产领导小组。

（二）定期或不定期对重大事故隐患的排查治理、挂牌督办、验收销号、汇总上报、分析建档等情况进行通报。

（三）对上报的重大事故隐患进行汇总分析，督促或指导按“五定”原则限期整改，并每月进行通报。

第七条　重大事故隐患挂牌督办工作，按照以下程序办理：

（一）管理部门下达挂牌督办通知书。

（二）被挂牌督办单位按照挂牌督办通知书要求督办或整改。

（三）管理部门负责跟踪督办。

（四）整改结束，被挂牌督办单位应当向管理部门提出销号的书面申请。

（五）管理部门应当核查整改情况，合格的应当予以销号。

第八条　挂牌督办通知书应当包括下列内容：

（一）被挂牌督办单位名称。

（二）挂牌督办内容。

（三）整改要求。

（四）整改期限。

第九条　重大事故隐患报告和治理方案应当包括的主要内容。

（一）重大事故隐患报告应当包括下列内容：

1. 事故隐患的现状及其产生原因。

2. 事故隐患的危害程度、整改难易程度分析及分类。

3. 事故隐患的治理方案。

（二）重大事故隐患治理方案应当包括下列内容：

1. 治理的目标和任务。

2. 采取的方法和措施。

3. 经费和物资的落实。

4. 负责治理的机构和人员。

5. 治理的时限和要求。

6. 安全措施和应急预案。

第十条　对于挂牌督办的重大事故隐患必须在隧道洞口或作业人员出入较集中的显著位置张贴公示，接受公众监督，发挥警示作用。其内容包括：隐患内容、产生地点、主要危害、治理措施、应急预案、治理责任部门、督办责任部门、治理进展情况等。

第十一条　重大事故隐患管理台账应包括单位、编号、分类、事故隐患内容、整改措施、整改资金、整改责任人、牵头部门、督办部门、发现日期、整改时限、实际完成整改日期、验收日期、验收人员、验收意见、是否销号等。

重大事故隐患的档案管理要安排专人负责，保存期限为三年。

第十二条　重大事故隐患未彻底整改前，必须制定针对性安全防范措施和应急预案，防止事故发生。重大事故隐患排除前或者排除过程中无法保证安全的，必须从危险区域内撤出作业人员，并疏散可能危及的其他人员，设置警戒标志，停产停建整改；对暂时难以停止使用的相关生产设施、设备，应当加强维护和保养，严防发生事故。

第十三条　加强对自然灾害的预防。对于因自然灾害可能导致事故灾难的重大事故隐患，应当按照有关法律法规、标准和本规定的要求排查治理，采取可靠的预防措施，制定应急预案。在接到有关自然灾害预报时，应当及时发出预警通知；发生自然灾害可能危及生产建设经营单位和人员安全的情况时，应当采取撤离人员、停止作业、加强监测等安全措施。

第十四条　被责令全部或者局部停产停建治理的重大事故隐患，治理工作结束后，应当组织项目部的技术人员和专家或委托具备相应资质的安全评价机构对重大事故隐患的治理情况进行评估。

经治理后符合安全生产条件的，提出恢复生产的书面申请，集团公司验收合格同意后，方可恢复生产建设。

第四章　责任追究和处罚

第十五条　未认真履行重大事故隐患排查治理职责，对查出的重大事故隐患因整改不及时或整改不到位，导致发生生产安全事故的，追究其主要责任，并清理出场。

第五章　附　　则

第十六条　本规定解释权属×××项目部。

第十七条　本规定自发布之日起执行。

四、闭环管理和事故隐患信息报告

1. 闭环管理

企业应进一步完善事故隐患排查治理闭环管理机制，落实事故隐患排查治理职责，及时发现和消除事故隐患，规范事故隐患的排查、登记、整治、监督、销号全过程管理，不留空当，确保事故隐患整治落实到位，有效防止事故的发生。

事故隐患排查治理闭环管理可包含以下环节：

（1）事故隐患排查环节。各类安全生产检查、安监人员日常安全生产督查、管理人员下井及带班督查、其他从业人员发现或提供的信息等。

（2）填单登记环节。作业现场事故隐患确认登记、事故隐患治理通知单录入登记、安全生产信息站汇报信息登记等。

（3）签字确认环节。检查单位和被检查单位责任人对存在的事故隐患及治理措施签字、确认。本环节包含做出处罚决定。

（4）收集整理环节。将事故隐患信息收集后，进行筛选、分类、建档。

（5）下达通知环节。按治理责任区划、责任范围向责任人送达治理通知单。

（6）整改实施环节。按治理要求，落实治理措施，限期消除事故隐患。

（7）监控督查环节。在治理限期时间内，对治理情况进行监督检查。

（8）复查验收环节。接到治理完成报告后，进行治理情况检查、验收。

（9）信息反馈环节。收集治理信息，对完成情况进行登记、报告。

（10）销号登录环节。完成治理项目，销号登记；未完成项目，处罚责任单位、责任人，再下达治理通知，落实治理，直至完成治理、销号。

各类安全生产检查或督查发现、查出的事故隐患，必须在现场向施工单位通报存在的隐患、注意事项及处置措施，并填写“现场事故隐患排查通知牌”签字，对“三违”行为要当即指出且予以纠正；发现可能随时会酿成事故的隐患，要立即责令停止作业或停止使用。紧急情况下，必须采取撤人、避灾的措施。现场检查完成后，填写安全生产事故隐患排查治理表或安全监察意见书并签字。对“三违”行为的个人和事故隐患单位视情况做出处罚决定，其他人员发现或提供的信息，由安全生产管理部门登入安全信息汇报登记台账，每日由单位主管安全生产副职审阅、签字，落实治理措施。被检查单位责任人必须在检查文书上签字接受，对存在的事故隐患及治理措施签字、确认。

2. 事故隐患报告

任何单位和个人发现能立刻发生事故的事故隐患信息，必须立即采取停止作业、撤出人员等应急措施，有责任和权利以最便捷方式在最短的时间内向任何层级报告。对不能立刻发生事故，通过采取临时防治措施能保证安全生产的各类事故隐患信息，可通过通信系统或书面形式逐级报告，企业应确定不同事故隐患级别的报告时效性。

事故隐患信息报告的内容有：事故隐患产生的时间、地点及现场情况；事故隐患产生、发现的简要经过；事故隐患可能产生的后果；对事故隐患采取的临时应对措施。

生产经营单位是事故隐患信息报告的责任主体。生产经营单位主要负责人对本单位的事故隐患信息报告工作全面负责，分管领导具体负责。各级安全生产管理部门负责事故隐患信息的报告和处置的日常管理工作。事故隐患信息的报告应当及时准确和完整，信息的处置应当遵循快速高效、协同配合、分级负责的原则。

事故隐患信息的报告可分 4 个渠道，分别是：利用移动电话、固定电话等电话通信渠道；充分发挥生产指挥调度专用电话渠道；用书面标准流程安监系统管理渠道；其他任何形式的报告渠道。通过这 4 个渠道，形成一个报告流程，如图 5—2 所示。

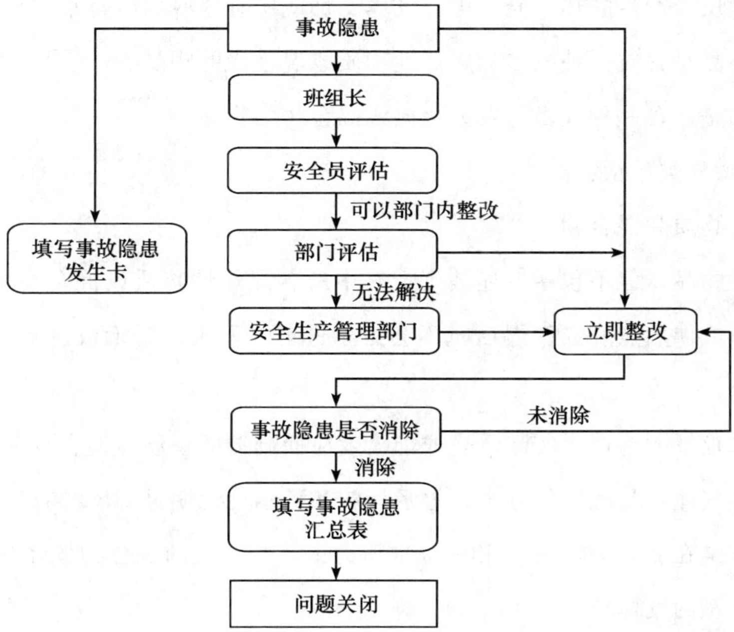

图 5—2 事故隐患信息报告流程

五、危险化学品事故隐患分类

危险化学品的危险性不言而喻，因此对于运输、装卸、生产、使用、储存危险化学品的企业，要强化危险化学品事故隐患的排查与治理。《危险化学品安全管理条例》第三条规定：危险化学品，是指具有毒害、腐蚀、爆炸、燃烧、助燃等性质，对人体、设施、环境具有危害的剧毒化学品和其他化学品。要对危险化学品的危险性和分类有科学的认识并对其事故隐患进行辨识，首先要依据危险化学品的标准来进行，如依据《化学品分类和危险性公示　通则》（GB 13690—2009），危险化学品按照理化、健康或环境危险的性质分为理化危险、健康危险和环境危险 3 大类。

1. 理化危险

（1）爆炸物。爆炸物分类、警示标签和警示性说明见 GB 20576。

1）爆炸物质（或混合物）是这样一种固态或液态物质（或物质的混合物），其本身能够通过化学反应产生气体，而产生气体的温度、压力和速度能对周围环境造成破坏。其中也包括发火物质，即便它们不放出气体。

发火物质（或发火混合物）是这样一种物质或物质的混合物，它旨在通过非爆炸自主放热化学反应产生的热、光、声、气体、烟或所有这些的组合来产生效应。

爆炸性物品是含有一种或多种爆炸性物质或混合物的物品。

烟火物品是包含一种或多种发火物质或混合物的物品。

2）爆炸物种类包括：

①爆炸性物质和混合物。

②爆炸性物品，但不包括下述装置：其中所含爆炸性物质或混合物由于其数量或特性，在意外或偶然点燃或引爆后，不会由于迸射、发火、冒烟或巨响而在装置之处产生任何效应。

③上述未提及的为产生实际爆炸或烟火效应而制造的物质、混合物和物品。

（2）易燃气体。易燃气体分类、警示标签和警示性说明见 GB 20577。

易燃气体是在 20℃和 101.3 kPa 标准压力下，与空气的混合物按体积分数占 13%或更少时可点燃的气体。

（3）易燃气溶胶。易燃气溶胶分类、警示标签和警示性说明见 GB 20578。

气溶胶是指气溶胶喷雾罐，系任何不可重新灌装的容器，该容器由金属、玻璃或塑料制成，内装强制压缩、液化或溶解的气体，包含或不包含液体、膏剂或粉末，配有释放装置，可使所装物质喷射出来，形成在气体中悬浮的固态或液态微粒或形成泡沫、膏剂或粉末或处于液态或气态。

（4）氧化性气体。氧化性气体分类、警示标签和警示性说明见 GB 20579。

氧化性气体是指一般通过提供氧气，比空气更能导致或促使其他物质燃烧的任何气体。

（5）压力下气体。压力下气体分类、警示标签和警示性说明见 GB 20580。

压力下气体是指高压气体在压力等于或大于 200 kPa（表压）下装入贮器的气体，或是液化气体或冷冻液化气体。

压力下气体包括压缩气体、液化气体、溶解液体、冷冻液化气体。

（6）易燃液体。易燃液体分类、警示标签和警示性说明见 GB 20581。

易燃液体是指闪点不高于 93℃的液体。

（7）易燃固体。易燃固体分类、警示标签和警示性说明见 GB 20582。

易燃固体是容易燃烧或通过摩擦可能引燃或助燃的固体。

易于燃烧的固体为粉状、颗粒状或糊状物质，它们在与燃烧着的火柴等火源短暂接触即可点燃和火焰迅速蔓延的情况下，都非常危险。

（8）自反应物质或混合物。自反应物质分类、警示标签和警示性说明见 GB 20583。

1）自反应物质或混合物是即便没有氧（空气）也容易发生激烈放热分解的热不稳定液态或固态物质或者混合物，不包括根据统一分类制度分类为爆炸物、有机过氧化物或氧化物质的物质和混合物。

2）自反应物质或混合物如果在实验室试验中其组分容易起爆、迅速爆燃或在封闭条件下加热时显示剧烈效应，应视为具有爆炸性质。

（9）自燃液体。自燃液体分类、警示标签和警示性说明见 GB 20585。

自燃液体是即使数量小也能在与空气接触后 5 min 之内引燃的液体。

（10）自燃固体。自燃固体分类、警示标签和警示性说明见 GB 20586。

自燃固体是即使数量小也能在与空气接触后 5 min 之内引燃的固体。

（11）自热物质和混合物。自热物质分类、警示标签和警示性说明见 GB 20584。

自热物质是指发火液体或固体以外，与空气反应不需要能源供应就能够自己发热的固体或液体物质或混合物；这类物质或混合物与发火液体或固体不同，因为这类物质只有数量很大（公斤级）并经过长时间（几小时或几天）反应才会燃烧。

物质或混合物的自热导致自发燃烧是由于物质或混合物与氧气（空气中的氧气）发生反应并且所产生的热没有足够迅速地传导到外界而引起的。当热产生的速度超过热损耗的速度而达到自燃温度时，自燃便会发生。

（12）遇水放出易燃气体的物质或混合物。遇水放出易燃气体的物质分类、警示标签和警示性说明见 GB 20587。

遇水放出易燃气体的物质或混合物是通过与水作用，容易具有自燃性或放出危险数量的易燃气体的固态或液态物质或混合物。

（13）氧化性液体。氧化性液体分类、警示标签和警示性说明见 GB 20589。

氧化性液体是本身未必燃烧，但通常因放出氧气可能引起或促使其他物质燃烧的液体。

（14）氧化性固体。氧化性固体分类、警示标签和警示性说明见 GB 20590。

氧化性固体是本身未必燃烧，但通常因放出氧气可能引起或促使其他物质燃烧的固体。

（15）有机过氧化物。有机过氧化物分类、警示标签和警示性说明见 GB 20591。

1）有机过氧化物是含有二价-O-O-结构的液态或固态有机物质，可以看作是一个或两个氢原子被有机基替代的过氧化氢衍生物。该术语也包括有机过氧化物配方（混合物）。有机过氧化物是热不稳定物质或混合物，容易放热自加速分解。另外，它们可能具有下列一种或几种性质：

①易于爆炸分解。

②迅速燃烧。

③对撞击或摩擦敏感。

④与其他物质发生危险反应。

2）如果有机过氧化物在实验室试验中，在封闭条件下加热时组分容易爆炸、迅速爆燃或表现出剧烈效应，则可认为它具有爆炸性质。

（16）金属腐蚀剂。金属腐蚀物分类、警示标签和警示性说明见 GB 20588。

腐蚀金属的物质或混合物是通过化学作用显著损坏或毁坏金属的物质或混合物。

2. 健康危险

（1）急性毒性。急性毒性分类、警示标签和警示性说明见 GB 20592。

急性毒性是指在单剂量或在 24 h 内多剂量口服或皮肤接触一种物质，或吸入接触 4 h 之后出现的有害效应。

（2）皮肤腐蚀/刺激。皮肤腐蚀/刺激分类、警示标签和警示性说明见 GB 20593。

皮肤腐蚀是对皮肤造成不可逆损伤；即施用试验物质达到 4 h 后，可观察到表皮和真皮坏死。

腐蚀反应的特征是溃疡、出血、有血的结痂，而且在观察期 14 天结束时，皮肤、完全脱发区域和结痂处由于漂白而褪色。应考虑通过组织病理学来评估可疑的病变。

皮肤刺激是施用试验物质达到 4h 后对皮肤造成可逆损伤。

（3）严重眼损伤/眼刺激。严重眼损伤/眼刺激性分类、警示标签和警示性说明见 GB 20594。

严重眼损伤是在眼前部表面施加试验物质之后，对眼部造成在施用 21 天内并不完全可逆的组织损伤，或严重的视觉物质衰退。

眼刺激是在眼前部表面施加试验物质之后，在眼部产生在施用 21 天内完全可逆的变化。

（4）呼吸或皮肤过敏。呼吸或皮肤过敏分类、警示标签和警示性说明见 GB 20595。

1）呼吸过敏物是吸入后会导致气管超过敏反应的物质。皮肤过敏物是皮肤接触后会导致过敏反应的物质。

2）过敏包括两个阶段：第一个阶段是某人因接触某种过敏原而引起特定免疫记忆；第二阶段是引发，即某一致敏个人因接触某种过敏原而产生细胞介导或抗体介导的过敏反应。

3）就呼吸过敏而言，随后为引发阶段的诱发，其形态与皮肤过敏相同。对于皮肤过敏，需有一个让免疫系统能学会做出反应的诱发阶段；此后，可出现临床症状，这里的接触就足以引发可见的皮肤反应（引发阶段）。因此，预测性的试验通常取这种形态，其中有一个诱发阶段，对该阶段的反应则通过标准的引发阶段加以计量，典型做法是使用斑贴试验。直接计量诱发反应的局部淋巴结试验则是例外做法。人体皮肤过敏的证据通常通过诊断性斑贴试验加以评估。

4）就皮肤过敏和呼吸过敏而言，对于诱发所需的数值一般低于引发所需数值。

（5）生殖细胞致突变性。生殖细胞突变性分类、警示标签和警示性说明见 GB 20596。

本危险类别涉及的主要是可能导致人类生殖细胞发生可传播给后代的突变的化学

品。但是，在本危险类别内对物质和混合物进行分类时，也要考虑活体外致突变性/生殖毒性试验和哺乳动物活体内体细胞中的致突变性/生毒性试验。

（6）致癌性。致癌性分类、警示标签和警示性说明见 GB 20597。

“致癌物”一词是指可导致癌症或增加癌症发生率的化学物质或化学物质混合物。在实施良好的动物实验性研究中诱发良性和恶性肿瘤的物质也被认为是假定的或可疑的人类致癌物，除非有确凿证据显示该肿瘤形成机制与人类无关。

（7）生殖毒性。生殖毒性分类、警示标签和警示性说明见 GB 20598。

（8）特异性靶器官系统毒性——一次接触。特异性靶器官系统毒性一次接触分类、警示标签和警示性说明见 GB 20599。

（9）特异性靶器官系统毒性——反复接触。特异性靶器官系统毒性反复接触分类、警示标签和警示性说明见 GB 20601。

（10）吸入危险。本危险性我国还未转化成为国家标准。

1）吸入危险分类的目的是对可能对人类造成吸入毒性危险的物质或混合物进行分类。

2）“吸入”指液态或固态化学品通过口腔或鼻腔直接进入或者因呕吐间接进入气管和下呼吸系统。

3）吸入毒性包括化学性肺炎、不同程度的肺损伤或吸入后死亡等严重急性效应。

3. 环境危险

（1）危害水生环境。

（2）危害臭氧层。

六、工业园区事故隐患综合治理对策

1. 技术对策

（1）强化安全生产监督管理信息化建设，提升安全生产监督管理效能。紧随技术发展，尤其“互联网＋”的时代，借用互联网、移动网络技术建立移动终端与安全生产监督管理信息平台的融合，保证安全生产监督管理工作实时、在线、不间断，将企事业单位自身对事故隐患自查自报情况、安全生产监督管理巡查反馈有机融合和关联，并实施风险隐患限时、专人、“免带病工作”的逐一排查制度，完善企业与园区的安全信息沟通机制。另外，实施分级分类重点监督检查，保障有限的安全生产监督管理人力资源得到充分和最优的分配。挖掘“大数据”潜力，系统分析所收集的企业安全生产隐患排查、标准化工作等相关数据，完成对系统开通和已建立正式档案的生产经营单位的日常监管，逐步完善“一企一档”。在辖区内定期开展全面风险和事故隐患普查工作，摸清底数。将事故隐患调查记录入档，建立数据库，定期更新，为各类突发事件的事故隐患排查和综合治理提供基础信息。完善预警信息发布机制，提高预警信息发布的实效性、准确性和覆盖面。

（2）建立安全生产责任保险，推广安全生产第三方监管。鼓励各类安全生产技术服务机构参与企业安全生产管理，建立政府采购机制。将第三方服务政策及经费投入具体落实，整合相关资源，拓宽安全生产第三方技术服务范围、行业应用。推进消防安全、危险化学品、建筑施工、特种设备等重点行业领域引进社会第三方服务。对危险化学品生产、经营、使用和废弃物处置单位全面推广安全生产责任保险，建立行之有效的推进工作机制，鼓励积极投保，增强抵御风险的能力。

同时加强对引入第三方技术服务的管理和绩效评估，实施第三方技术服务竞争机制，提升服务质量和水平。

（3）加强安全生产技术指导。要加大对基层安全生产监督管理各项具体工作的技术指导，积极深入基层，及时帮助发现、解决基层安全生产监督管理工作存在的难点、疑点，并通过帮助基层结合自身实际，建立整套的安全生产监督管理工作制度、工作规范、工作程序和工作机制，不断提高基层安全生产监督管理的工作水平，切实促进基层安全生产监督管理工作“管得好”。

（4）推进安全生产标准化体系的落地工作。安全生产标准化体系建设是帮助企业排查事故风险和建立防控体系的基础工作，以提升企业自身的自我安全意识和安全生产技术的改进，对于已经完成创建并通过评审的企业，安全生产监督管理人员从监管的角度予以核实查证，敦促安全生产标准化体系的良性运营，系统提高本质安全水平。定期或抽样检查企业基础管理、作业现场、事故与应急等要素的落实和运行情况，发现事故隐患及时整改。

对于辖区内的“三合一”等大批租户，不太可能实现安全标准化体系的建立，需要对其开展专业的技术服务。可以在安全生产监督管理系统加强安全生产教育（事故案例教育片）的同时，邀请专业机构逐一排查压力容器、压力管道、起重机械、厂内车辆、锅炉、电梯、燃气管道、液化气钢瓶、电气管线等重大危险源与事故隐患，做到技术服务纵横到底。

（5）开展企业落地前的预评估与落地后整体安全现状评价工作。企业安全预评价是指在建设项目可行性研究阶段、生产经营活动组织实施之前，根据相关的基础资料，辨识与分析建设项目、生产经营活动潜在的危险、有害因素，确定其与安全生产法律法规、标准、行政规章、规范的符合性，预测发生事故的可能性及其严重程度，提出科学、合理、可行的安全生产对策措施建议，确保安全生产监督管理活动的针对性。

企业安全现状评价是指针对生产经营活动中，企业的事故风险、安全生产管理等情况，辨识与分析其存在的危险、有害因素，审查确定其与安全生产法律法规、规章、标准、规范要求的符合性，预测发生事故或造成职业危害的可能性及其严重程度，提出科学、合理、可行的安全生产对策措施建议，做出安全现状评价结论的活动。安全现状评价不仅适用于对一个生产经营单位的评价，也适用于某一特定的生产方式、生产工艺、生产装置或作业场所的评价。

开展企业落地前的预评价与落地后整体安全现状评价工作，有利于落实企业安全生产主体责任、落实政府监管责任，细化管理内容，预防重特大事故的发生。

（6）建立安全生产事故隐患排查规范化程序与工作机制

1）高危领域事故隐患排查专项治理行动。根据工业园区安全生产实际特点，采取集中检查与分散检查、正常检查与错时突击检查相结合的方法。对人员密集型企业、涉氨制冷企业、大跨度钢结构厂房、彩钢板建筑、危险化学品（特别是剧毒、易制暴和放射性化学品）开展事故隐患专项排查标准化活动；对压力容器、压力管道、起重机械、厂内车辆、锅炉、电梯等特种设备开展专项整治活动。落实源头管控措施，督促重大危险源单位做好重大危险源的辨识，实行分级管理。重点位置实行实时监测和预警，确保重点领域安全生产。

2）预防“群死群伤”典型事故的隐患排查标准化。加强园区内对预防“群死群伤”典型事故的隐患排查监督管理工作，建立预防“群死群伤”典型事故隐患排查标准化方法，降低此类预防工作的企业主动性安全成本，提高企业的承受能力。深入开展无证无照经营整治工作，坚决杜绝无证无照生产经营行为，确保无证无照经营可控有序，预防食物中毒事故，加强人员密集场所和重点区域火灾隐患整治工作。依法整顿或关闭不具备安全生产条件的小企业，提高其被动性安全成本。

（7）优化园区网格化安全生产管理的信息保障机制。细分管理网格，使整个基层安全生产管理的结构形成网状化的结构；组建管理服务团队，整合各方面的服务资源；强化分片包干的责任，使管理服务落到实处。建立基础信息管理平台，整合了社会管理的方方面面基础数据，包括人、事、物、场所、机构等；通过拓展安全生产信息录入渠道，如短信、电话、门户、上门走访等、建立安全生产信息分析机制（数据挖掘）；整合社会管理相关部门资源，形成政务资源联动机制，统一为社会提供管理服务功能。同时完善例会制度、议事会制度、走访制度、信息报送制度，建立考核评估体系，将整个系统的运作纳入规范的监管体系。

2. 管理对策

（1）强化目标管理，落实企业安全生产主体责任。建立健全各级领导干部安全生产责任制，进一步强化政府安全生产监督管理主体意识，层层落实安全生产责任。做到“党政同责、一岗双责、失职追责”“管行业必须管安全，管业务必须管安全，管生产经营必须管安全”的总体要求，把安全生产工作情况纳入各级干部政绩考核指标体系。严格执行安全生产领导责任、行政责任追究制度。

根据“五落实、五到位”，强化体现企业主体责任，建立相关会议出席、讲评及通报制度。每次安全工作会议后进行讲评，对企业负责人出席会议的情况进行通报。

进一步落实企业安全生产责任制，督促企业建立和配置安全生产管理机构和人员，建立安全生产自我约束机制，确保企业安全生产工作机制得到落实。推进并落实高危、较高危行业企业违反安全生产“黑名单”制度，采取公开曝光、警示约谈、诫勉谈话等惩戒措施，强化“黑名单”结果的运用，推动政府各相关部门联动，使有违法违规行为的企业“一处违法，处处受限”，增加企业不诚信成本。探索建立企业安全生产诚信信息采集、发布和失信惩罚的安全信用机制。

（2）强化事故隐患排查，提高过程监管能力。按照“统筹兼顾、突出重点、量力而行、提高效能”的原则，推进安全生产执法工作科学化、系统化、规范化。注重将日常事故隐患排查治理与重大节日、重要时段的专项检查整治结合起来，促进事故隐患排查治理工作的常态化、规范化。

坚持“滚动排查、滚动治理，突出重点、以点带面，跟踪督查、挂牌督办”的原则，加大日常检查力度，督促企业加强日常事故隐患自查自纠，落实安全生产管理责任。在全面开展事故隐患排查基础上，对事故隐患进行分类分级：对于一般事故隐患，督促企业即知即改，事后复查验收；对于比较严重的事故隐患，按照“谁拥有，谁负责”

和“谁主管，谁负责”的原则，明确整治责任单位、推进单位、督办单位，明确整治时限、整治措施、整治经费，确保事故隐患整改到位；对三级挂牌督查的事故隐患实施全程跟踪、全程指导、全程督查，各级重大事故隐患督促整改、跟踪率达到100%，真正做到事故隐患不整改不放过、事故隐患整改不达标不放过、制度不健全不放过。

对不同行业、不同类型的企业要有不同的要求，检查频次的要求，分类分级检查。高危风险点可考虑进行每月一次的安全生产检查，较高危风险点2个月一次安全生产检查，3级风险点企业保证一个季度一次安全生产检查。同时对较高危行业领域定期进行抽查。建立健全事故隐患排查治理、建档和监控等制度，逐级建立并落实从主要负责人到一线作业人员的事故隐患排查治理和监控责任制，做到整改措施、责任、资金、时限和预案“五到位”，对事故隐患整改效果要及时复核确认，确保整改到位。

（3）强化执法检查，优化管理流程。分析安全生产监督管理流程中环节衔接不当、运作不畅的问题，对监管活动中体系的构成、方法的选择、时间的分配、环节的实施及反馈的设计进行全方位的优化，降低管理成本，提升管理效能。

运用安全生产相关法律法规、规定等法律武器，研究制定、修订完善辖区有关配套规章制度，同时积极寻求上级安全生产监督管理力量支撑，坚决打击、快速处置安全生产领域存在的行为恶劣、社会影响面大、严重威胁安全生产的违法违规行为，确保执法有震慑力。

推进安全生产监督管理执法关口前移、重心下移。强化制度建设，细化行政执法程序，规范执法行为，落实行政执法责任制。改进监督检查方式，建立完善暗查暗访安全生产检查制度，对存在重大事故隐患的单位要加大执法检查频次，强化预防控制措施。严格“四不放过”原则，严肃查处生产安全事故。

（4）强化职业卫生监管，推进职业危害专项治理。对用人单位职业病危害项目申报数据进行专项核查，梳理名录核实备案及未备案企业，建立和完善职业病危害管理档案，确保申报率100%。对申报的用人单位进行职业病危害程度分类，推进现状评估和专项执法工作。

开展对涉及粉尘企业摸底调查工作。依托职业病危害项目申报数据库，开展职业病危害因素调查，建立完善重大职业中毒隐患数据库。以职业病危害申报数据为基础，对职业病危害严重的行业企业开展专项治理和现状评估工作。

（5）强化应急管理，提高应急处置能力。进一步强化辖区内应急预案编制、修订、培训、演练和管理等工作，确保预案的科学性、实效性和可操作性。定期组织企业应急主要负责人进行实操训练，强化其处理应急情况的实际能力。督促企业组织开展安全生产应急预案演练，加强企业应急管理能力，加快企业应急救援队伍建设。充分利用各部门专项应急指挥设施与资源，加强信息共享，建立统一高效的应急决策评估系统。有针对性地开展跨部门、跨行业的综合应急救援培训和演练活动，推广应用研发应急技术和装备，提高应急救援装备水平，建立应急救援培训和演练长效机制，提高应急队伍实战能力和人民群众应对突发事件的能力。

建议组织工业园区高危企业从业人员考取急救员资格证书。要求高危企业中不少于 2 人拥有急救员证，较高危企业中至少有 1 人拥有急救员证，并定期对其他从业人员开展相应的初期急救干预的演示和培训。

建议对企业事故应急预案的演练和修订进行指导，确保预案的可操作性和演练的真实性。

要指导企业明确本企业的事故危险源的种类和特征，制定有针对性的应急救援处置方案，形成有针对性的总体应急预案、专项预案和应急处置方案。应急演练要分类进行，比如可分为火灾、化学品泄漏和人员急救 3 种类型演练，并且 3 类演练要覆盖企业所有的装置。要监督企业进行有针对性的应急预案演练工作，指导企业开展更接近实战的演练，避免演练工作走过场，并根据演练情况及时对应急预案进行修订和评估。

制订本企业的应急响应计划，并对周围的居民进行宣传事故应急响应的知识，具体包括：①培训企业从业人员，使之熟悉企业的应急响应计划，并具备相应的知识和能力；②按照法律的其他规定，在生产和经营中合理操作；③通过完善管理，提高工艺，改进材料，减少事故发生的可能性；事故一旦发生，做出合理的反应。

每年对各企业的轮班人员、每套装置应急预案运行情况，要进行 2 次以上模拟测试。模拟测试内容包括：实时事故、假设最坏的或最可能发生的情况、潜在事故的风险评估。参与人员包括：社区、消防与救护服务部门、执法部门的人员及互助合作伙伴。演练后对演练情况进行评估，对参与者的意见进行总结，并记录在案，作为指导下一步事故应急响应行动的文档资料。

建立以企业响应为前哨的应急响应体系。企业作为事故发生点，第一时间的应急处置至关重要，若在突发事件发生的初期能够及时有效地予以应对和处置，就有可能避免更大事故的发生，控制或降低伤害程度。企业、园区的预案要和区应急联动预案响应级别相衔接。

3. 教育对策

（1）加强安全生产监督管理队伍力量，培训提升专业素养

1）日常监督管理是确保风险排查与隐患治理的重要途径。安全生产监督管理是长效机制，确保安全生产监督管理队伍的力量和人员，尤其身处一线的安全生产监督管理基层，在人员、装备配备上足够充足（可以成立园区安全生产监督管理检查队）、安全生产专业知识上足够胜任，积极组织安全生产监督管理人员参加国家、市、区组织的各类必备的安全生产知识培训，定期组织基层安全生产监督管理人员集中进行业务学习，不断增强基层安全生产监督管理人员的安全意识和安全生产技能，提高基层安全生产监督管理队伍的整体素质，注重专业人员的配置，使基层安全生产监督管理人员“会管”安全。

2）安全生产监督管理巡查工作繁杂，涉及领域面宽。要求安全生产监督管理人员具备较宽的安全生产业务知识和经验积累，有必要开展与相关企业技术人员（总工）“结对子”共同学习交流，使企业技术人员在行业技术背景基础上融合安全理念，形成企业与安全生产监督管理队伍共同参与风险排查、治理事故隐患。同时在必要的情况下，可以委托第三方有专业安全生产资质机构的专家对安全生产监督管理人员（可以包括企业负责人、总工、技术人员）的专项安全生产培训，提升安全生产监督管理人员的安全生产管理业务水平。

3）在安全生产监督管理队伍内部开展“传帮带”点对点模式的安全生产监督管理队伍培养工作。具体可以让经验丰富、业务素质强、安全生产知识体系完善的安全生产监督管理人员携手新近员工或经验相对不足、安全生产技术知识相对缺乏的安全生产监督管理人员“结对子”。在日常的安全生产监督管理巡查中，亲临一线现场传授经验、安全生产知识，现场查找风险，发现问题的监督管理方法等，合理安排巡查频次与时间，提升工作效能。同时也能共同学习和成长，以此提升安全生产监督管理队伍自身的整体专业素养。

建设和加强工业园区安全监察力量。可考虑根据事故隐患特征将园区划分若干个区域，每个区域配备 2 名左右专业、经验丰富的检查人员，并配备足够的装备（车辆、检查用具、防护用具用品）进行日常检查。建议定期组织安全生产监督管理人员（含检查人员）进行业务水平提升学习，不断提升检查发现问题的能力和督促企业整改的

能力。

（2）企业人员安全生产教育培训

1）开展企业重要人员安全分级分类培训。开展对辖区内企业的安全生产培训工作，严格督促各生产经营单位落实针对人员参加培训，确保企业负责人依法取得任职资格证书；特殊工种人员依法取得经国家认证的专门培训机构颁发的特种作业操作证。广泛开展特种设备操作人员、危险化学品操作人员、企业负责人、安全生产管理人员安全生产教育培训；定期组织企业主要负责人等重要人员开展安全生产法律法规轮训，加深其法律观念意识；深入企业开展安全生产培训教育，通过分析讲解近年来开发区发生的各类安全生产事故案例和各行业习惯性违章，有效减少类似的事故发生。在日常的检查中，把企业的培训持证情况作为一项检查内容，做到持证上岗、证书有效，保证安全生产。

2）严查企业新员工入职安全生产教育与培训。本着“强化意识、全员培训、提高整体素质”的理念，督促企业结合实际，统筹安排，增强内部培训的针对性和实效性。新招从业人员先经过安全生产技术培训，达到应知应会的要求，并经考核合格后上岗；精心组织农民工安全生产培训计划，改进培训形式，优化培训内容，提高培训质量，切实提高外来务工人员安全防范意识和安全操作技能。在不断提高企业从业人员安全生产技能的同时，更进一步增强法制观念和安全意识。

定期组织安全相关法律法规的轮训工作，邀请工业园区所有企业的主要负责人前来参加。定期组织安全生产管理技术、水平、能力提升培训，邀请园区所有企业的安全生产管理人员前来参加。每年度对工业园区所有企业相关人员持证上岗情况进行抽查督查，对应持未持人员责令不得从事相关工作。

（3）社会群体安全生产宣传与教育。广泛开展“安全生产月”“消防安全周”“道路交通安全日”“安康杯竞赛”“防灾减灾日”等专题宣传活动，深化案例教育和警示教育，积极培育“四不伤害”理念，营造“关爱生命、关注安全”的良好氛围。加强与新闻媒体互动，运用广播、电视、报刊等传统媒体，发挥政务微博、微信、网站等，多渠道发布安全生产知识、安全生产常识、安全生产警示，加大安全生产公益广告、安全生产重大活动和先进典型的宣传报道力度，推进安全文化“进企业、进园区”。实施全民、全程、全方位，多层次、多渠道、多形式的安全生产知识普及教育，增强安全意识、知识和技能，形成全工业园区良好的安全文化氛围。

第二节　针对事故隐患的应急能力建设

一、重大事故隐患转化为事故的初期应急

对于重大事故隐患引发的事故，第一时间的应急处置至关重要，若在事故发生的初期能够及时有效地予以应对和处置，就有可能避免更大事故的发生，从而避免更高级别的应急预案启动。因此，企业应急力量建设是控制重大事故隐患演变为事故的关键环节。推进企业基本应急设备、设施和物资的配备和完善工作，同时提高企业对突发事件先期处置的能力，可使事故在第一时间得到控制，尽可能降低事故严重度等级。

企业应急预案的应急响应级别的划分，要和属地应急联动预案响应级别相衔接。要综合分析企业的应急救援能力，根据事故风险度的大小建立相对应的应急响应级别，可以按照表5—1所示进行划分。

表5—1　　企业风险等级与应急响应级别

紧急事件或重大危险等级	事故风险等级	应急响应级别
A	一级	班组级
B	二级	车间级
C	三级	分公司级
D	四级	公司级
E	五级	区（县）企业联动级
F	六级	市级联动

企业在划分应急响应级别的时候还要根据自身的实际情况，确认在事故发生时可以或需要调动的救援人员数量以及质量，确认在紧急救援过程中需要使用的救援物资，包括消防车的数量、固定的消防设备、应急灭火器的数量、消防水源的具体分布状况等，同时要综合考察周围地区的紧急救护和医疗卫生水平等，以提高紧急响应预案级别划分的科学性和合理性，为成功救援奠定良好的基础。

针对重大事故隐患引发的事故应急，要基于企业为前哨的应急响应体系，进一步

构建属地负责的应急响应机制。企业生产安全事故应急管理流程是一个从对事故的感知到反应再到消减的有机的活动整体，包括制定应急预案、应急资源的储备与调用、报警、接警、初步处理、事故评判、分析与评价、总结经验教训等一系列环节，如图 5—3 所示。

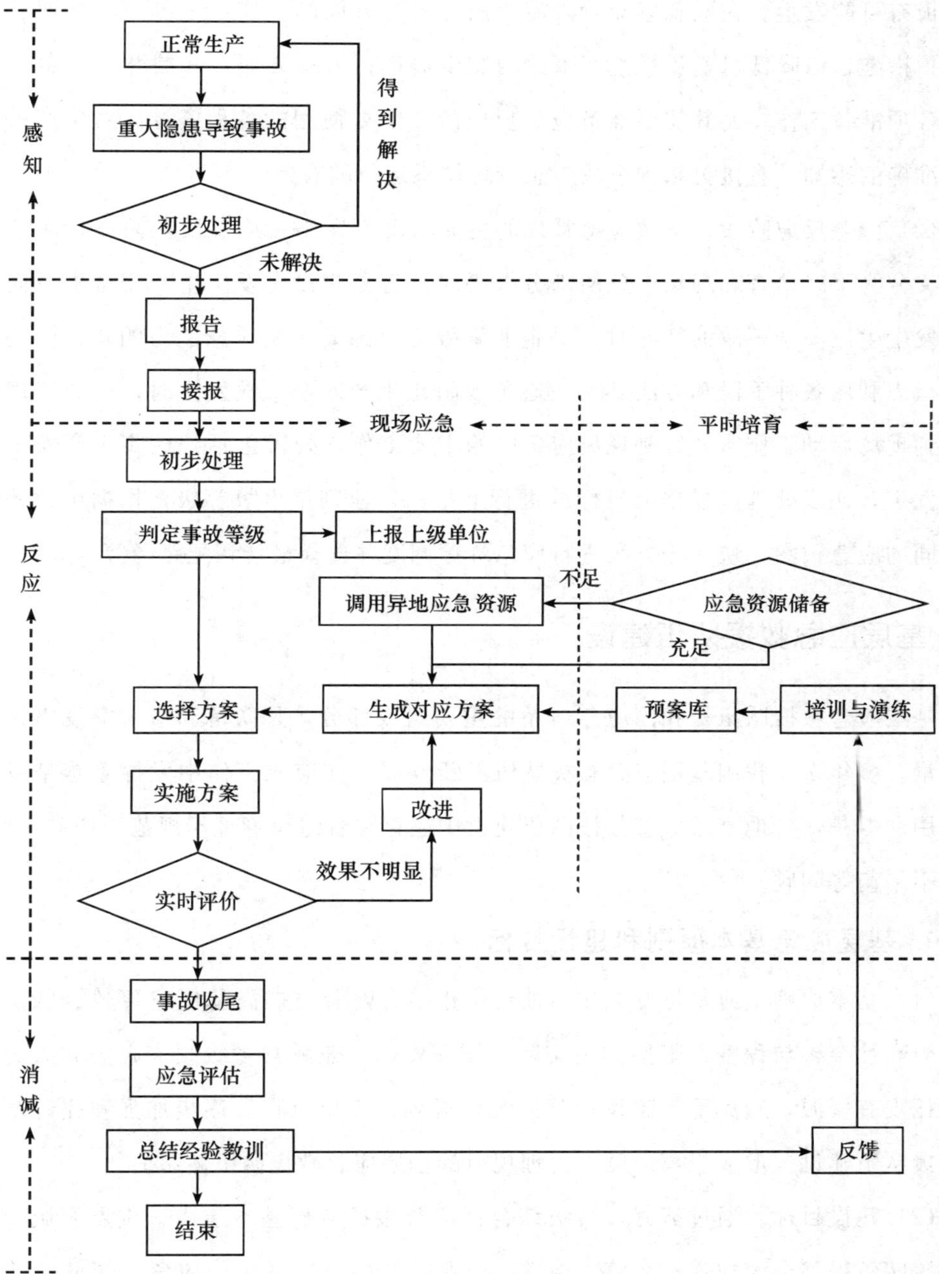

图 5—3 重大隐患导致事故的应急响应机制

（1）应急感知阶段。事故应急感知是指通过对生产现场的实时监测，第一时间发现事故征兆，从而尽可能控制事故的发展势态，并且介入先期处置。当预警系统预测到某种生产事故发生的可能性提升到警戒线以上时，整个应急体系进入警戒状态。这时生产事故还没有发生，但可以预测如果不采取任何措施或采取措施不及时，生产事故将极有可能发生。在应急感知阶段需要做好两个方面的工作：一方面，立即启动相应防护措施，以降低可避免性生产事故的发生概率；另一方面，开始开展应急反应阶段的各项准备工作，尤其需要准备应急反应阶段需要使用的各种资源。对生产事故的及时准确的感知，直接关系到事故应急管理体系运行的有效性。

（2）应急反应阶段。事故应急管理的主要活动都发生在应急反应阶段，应急反应阶段又分为平时培育和现场应急两部分：平时培育是指没有发生生产安全事故而且没有要发生生产安全事故的征兆时，对企业事故应急的准备及应急能力的建设；现场应急是指当利用各种手段和方法都无法避免或阻止生产安全事故发生时，应急管理体系进入到现场启动工作。处警是现场应急中的主要工作，处警包括：核实生产安全事故是否发生，初步处理，根据上报标准进行上报，快速判定事故等级，根据事故等级启动不同的应急预案，快速按方案进行应急资源调度并选择最佳调配路径等。

二、基层应急救援队伍建设

基层应急救援队伍是我国应急体系的重要组成部分，是防范和应对突发事件的重要力量。多年来，我国基层应急救援队伍不断发展，在应急工作中发挥着越来越重要的作用。但是，各地基层应急救援队伍建设中还存在着组织管理不规范、任务不明确、进展不平衡等问题。

1. 基层应急基本原则和建设目标

（1）基本原则。应坚持专业化与社会化相结合，着力提高基层应急救援队伍的应急能力和社会参与程度；坚持立足实际、按需发展，兼顾县乡级政府财力和人力，充分依托现有资源，避免重复建设；坚持统筹规划、突出重点，逐步加强和完善基层应急救援队伍建设，形成规模适度、管理规范的基层应急救援队伍体系。

（2）建设目标。通过努力，县级综合性应急救援队伍基本建成，重点领域专业应急救援队伍得到全面加强；乡镇、街道、企业等基层组织和单位应急救援队伍普遍建立，应急志愿服务进一步规范，基本形成统一领导、协调有序、专兼并存、优势互补、保障有力的基层应急救援队伍体系，应急救援能力基本满足本区域和重点领域突发事件应对工作需要，为最大限度地减少突发事件及其造成的人员财产损失、维护国家安全和社会稳定提供有力保障。

2. 加强基层综合性应急救援队伍建设

（1）全面建设县级综合性应急救援队伍。县级人民政府要以公安消防队伍及其他优势专业应急救援队伍为依托，建立或确定“一专多能”的县级综合性应急救援队伍，在相关突发事件发生后，立即开展救援处置工作。综合性应急救援队伍除承担消防工作以外，同时承担综合性应急救援任务，包括地震等自然灾害，建筑施工事故、道路交通事故、空难等生产安全事故，恐怖袭击、群众遇险等社会安全事件的抢险救援任务，同时协助有关专业队伍做好水旱灾害、气象灾害、地质灾害、森林草原火灾、生物灾害、矿山事故、危险化学品事故、水上事故、环境污染、核与辐射事故和突发公共卫生事件等突发事件的抢险救援工作。应根据行政区域特点和需要，制定综合性应急救援队伍建设方案，细化队伍职责，配备必要的物资装备，加强与专业队伍互动演练，提高队伍的综合应急能力。

（2）深入推进街道、乡镇综合性应急救援队伍建设。街道、乡镇应充分发挥民兵、预备役人员、保安员、基层警务人员、医务人员等有相关救援专业知识和经验人员的作用，在防范和应对气象灾害、水旱灾害、地震灾害、地质灾害、森林草原火灾、生产安全事故、环境突发事件、群体性事件等方面发挥就近优势，在相关应急指挥机构组织下开展先期处置，组织群众自救互救，参与抢险救灾、人员转移安置、维护社会秩序，配合专业应急救援队伍做好各项保障，协助有关方面做好善后处置、物资发放等工作。同时发挥信息员作用，发现突发事件苗头及时报告，协助做好预警信息传递、灾情收集上报、灾情评估等工作，参与有关单位组织的隐患排查整改。街道办事处、乡镇政府应加强队伍的建设和管理，严明组织纪律，经常性地开展应急培训，提高队伍的综合素质和应急保障能力。

3. 完善基层专业应急救援队伍体系

在全面加强各专业应急救援队伍建设的同时，应组织动员社会各方面力量重点加强以下几个方面工作：

（1）加强基层防汛抗旱队伍组建工作。水旱灾害常发地区和重点流域的县、乡级人民政府，应组织民兵、预备役人员、农技人员、村民和相关单位人员参加，组建县、乡级防汛抗旱队伍。防汛抗旱重点区域和重要地段的村委会，应组织本村村民和属地相关单位人员参加，组建村防汛抗旱队伍。基层防汛抗旱队伍要在当地防汛抗旱指挥机构的统一组织下，开展有关培训和演练工作，做好汛期巡堤查险和险情处置，做到有旱抗旱，有汛防汛。充分发挥社会各方面作用，合理储备防汛抗旱物资，建立高效便捷的物资、装备调用机制。

（2）深入推进森林草原消防队伍建设。县乡级人民政府、村委会、国有林（农）场、森工企业、自然保护区和森林草原风景区等，应组织本单位职工、社会相关人员建立森林草原消防队伍。各有关方面要加强森林草原扑火装备配套，开展防扑火技能培训和实战演练。应建立基层森林草原消防队伍与公安消防、当地驻军、预备役部队、武警部队和森林消防力量的联动机制，满足防扑火工作需要。地方政府要对基层森林草原消防队伍装备建设给予补助。

（3）加强气象灾害、地质灾害应急救援队伍建设。县级气象部门应组织村干部和有经验的相关人员组建气象灾害应急救援队伍，主要任务是接收和传达预警信息，收集并向相关方面报告灾害性天气实况和灾情，做好台风、强降雨、大风、沙尘暴、冰雹、雷电等极端天气防范的科普知识宣传工作，参与本社区、村镇气象灾害防御方案的制定以及应急处置和调查评估等工作。地质灾害应急救援队伍的主要任务是参与各类地质灾害的群防群控，开展防范知识宣传，隐患和灾情等信息报告，组织遇险人员转移，参与地质灾害抢险救灾和应急处置等工作。容易受气象、地质灾害影响的乡村、企业、学校等基层组织单位，应在气象、地质部门的组织下，明确参与应急救援队伍的人员及其职责，定期开展相关知识培训。气象灾害和地质灾害基层应急救援队伍工作经费，由地方政府给予保障。

（4）加强矿山、危险化学品应急救援队伍建设，加强应急救援队伍的资质认定管理。煤矿和非煤矿山、危险化学品单位应当依法建立由专职或兼职人员组成的应急救援队伍。不具备单独建立专业应急救援队伍的小型企业，除建立兼职应急救援队伍外，还应当与邻近建有专业救援队伍的企业签订救援协议，或者联合建立专业应急救援队伍。应急救援队伍在发生事故时要及时组织开展抢险救援，平时开展或协助开展风险隐患排查。矿山、危险化学品单位属地县、乡级人民政府要组织建立队伍调运机制，组织队伍参加社会化应急救援。应急救援队伍建设及演练工作经费在企业安全生产费用中列支，在矿山、危险化学品工业集中的地方，当地政府可给予适当经费补助。

（5）推进公用事业保障应急救援队伍建设。县级以下电力、供水、排水、燃气、供热、交通、市容环境等主管部门和基础设施运营单位，应组织本区域有关企事业单位懂技术和有救援经验的职工，分别组建公用事业保障应急救援队伍，承担相关领域突发事件应急抢险救援任务。重要基础设施运营单位应组建本单位运营保障应急救援队伍。应充分发挥设计、施工和运行维护人员在应急抢险中的作用，配备应急抢修的必要机具、运输车辆和抢险救灾物资，加强人员培训，提高安全防护、应急抢修和交通运输保障能力。

（6）强化卫生应急救援队伍建设。县级卫生行政部门应根据突发事件类型和特点，依托现有医疗卫生机构，组建卫生应急救援队伍，配备必要的医疗救治和现场处置设备，承担传染病、食物中毒和急性职业中毒、群体性不明原因疾病等突发公共卫生事件应急处置和其他突发事件受伤人员医疗救治及卫生学处理，以及相应的培训、演练任务。城市医疗卫生机构要与县级或乡镇医疗卫生机构建立长期对口协作关系，把帮助组建基层应急救援队伍作为对口支援的重要内容。卫生应急救援队伍的装备配备、培训、演练和卫生应急处置等工作费用由地方政府给予支持。

（7）加强重大动物疫情应急救援队伍建设。县级人民政府建立由当地兽医、卫生、公安、工商、质检和林业行政管理人员，动物防疫和野生动物保护工作人员，有关专家等组成的动物疫情应急救援队伍，具体承担家禽和野生动物疫情的监测、控制和扑灭任务。应保持队伍的相对稳定，定期进行技术培训和应急演练，同时加强应急监测和应急处置所需的设施设备建设及疫苗、药品、试剂和防护用品等物资储备，提高队伍应急能力。

4. 完善基层应急救援队伍管理体制机制和保障制度

（1）进一步明确组织领导责任。地方各级人民政府是推进基层应急救援队伍建设工作的责任主体。县级人民政府要对县级综合性应急救援队伍和专业应急救援队伍建设进行规划，确定各街道、乡镇综合性应急救援队伍和专业应急救援队伍的数量和规模。各有关部门要强化支持政策的研究并加强指导，加强对基层应急救援队伍建设的督促检查。公安、国土资源、交通、水利、林业、气象、安全监管、环境、电力、通信、建设、卫生、农业等有关部门要明确推进本行业基层应急救援队伍建设的具体措施，各有关部门要按照各自职责指导推进基层应急救援队伍组建工作。

（2）完善基层应急救援队伍运行机制。各基层应急救援队伍组成人员平时在各自单位工作，发生突发事件后，应立即集结到位，在当地政府或应急现场指挥部的统一领导下，按基层应急管理机构安排开展应急处置工作。县乡级人民政府及其有关部门要切实加强基层综合队伍、专业队伍和志愿者队伍之间的协调配合，建立健全相关应急预案，完善工作制度，实现信息共享和应急联动。同时，建立健全基层应急救援队伍与其他各类应急救援队伍及装备统一调度、快速运送、合理调配、密切协作的工作机制，经常性地组织各类队伍开展联合培训和演练，形成有效处置突发事件的合力。

（3）积极动员社会力量参与应急工作。通过多种渠道，努力提高基层应急救援队伍的社会化程度。充分发挥街道、乡镇等基层组织和企事业单位的作用，建立群防群治队伍体系，加强知识培训。鼓励现有各类志愿者组织在工作范围内充实和加强应急志愿服务内容，为社会各界力量参与应急志愿服务提供渠道。有关专业应急管理部门要发挥各自优势，把具有相关专业知识和技能的志愿者纳入应急救援队伍。发挥共青团和红十字会的作用，建立青年志愿者和红十字志愿者应急救援队伍，开展科普宣教和辅助救援工作。应急志愿者组建单位要建立志愿者信息库，并加强对志愿者的培训和管理。地方政府根据情况对志愿者队伍建设给予适当支持。

（4）加大基层应急救援队伍经费保障力度。县、乡两级综合性应急救援队伍和有关专业应急救援队伍建设与工作经费应纳入同级财政预算。按照政府补助、组建单位自筹、社会捐赠相结合等方式，建立基层应急救援队伍经费渠道。

（5）完善基层应急救援队伍建设相关政策。认真研究解决基层应急救援队伍工作中的实际困难，落实基层应急救援队员医疗、工伤、抚恤，以及应急车辆执行应急救援任务时的免交过路费等政策措施。鼓励社团组织和个人参加基层应急救援队伍，研究完善民间应急救援组织登记管理制度，鼓励民间力量参与应急救援。研究制订基层应急救援队伍装备标准并配备必要装备。对在应急管理、应急救援队伍建设工作中做出突出贡献的集体和个人，按照国家有关规定给予表彰奖励。开展基层应急救援队伍建设示范工作，推动基层应急管理水平不断提高。

三、生产经营单位应建立完善的事故应急预案

1. 生产经营单位事故应急预案及其编制步骤

事故应急预案是指为有效预防和控制可能发生的事故，最大程度减少事故及其造成损害而预先制定的工作方案。生产经营单位编制应急预案包括成立应急预案编制工

作组、资料收集、风险评估、应急能力评估、编制应急预案和应急预案评审 6 个步骤。

(1) 成立应急预案编制工作组。生产经营单位应结合本单位部门职能和分工，成立以单位主要负责人（或分管负责人）为组长，单位相关部门人员参加的应急预案编制工作组，明确工作职责和任务分工，制订工作计划，组织开展应急预案编制工作。

(2) 资料收集。应急预案编制工作组应收集与预案编制工作相关的法律法规、技术标准、应急预案、国内外同行业企业事故资料，同时收集本单位安全生产相关技术资料、周边环境影响、应急资源等有关资料。

(3) 风险评估。风险评估的主要内容包括：

1) 分析生产经营单位存在的危险因素，确定事故危险源。

2) 分析可能发生的事故类型及后果，并指出可能产生的次生、衍生事故。

3) 评估事故的危害程度和影响范围，提出风险防控措施。

(4) 应急能力评估。在全面调查和客观分析生产经营单位应急队伍、装备、物资等应急资源状况的基础上开展应急能力评估，并依据评估结果，完善应急保障措施。

(5) 编制应急预案。依据生产经营单位风险评估及应急能力评估结果，组织编制应急预案。应急预案编制应注重系统性和可操作性，做到与相关部门和单位应急预案相衔接。应急预案编制格式和要求见附录 A。

(6) 应急预案评审。应急预案编制完成后，生产经营单位应组织评审。评审分为内部评审和外部评审，内部评审由生产经营单位主要负责人组织有关部门和人员进行。外部评审由生产经营单位组织外部有关专家和人员进行评审。应急预案评审合格后，由生产经营单位主要负责人（或分管负责人）签发实施，并进行备案管理。

2. 应急预案体系

生产经营单位的应急预案体系主要由综合应急预案、专项应急预案和现场处置方案构成。生产经营单位应根据本单位组织管理体系、生产规模、危险源的性质以及可能发生的事故类型确定应急预案体系，并可根据本单位的实际情况，确定是否编制专项应急预案。风险因素单一的小微型生产经营单位可只编写现场处置方案。

(1) 综合应急预案。综合应急预案是生产经营单位应急预案体系的总纲，主要从总体上阐述事故的应急工作原则，包括生产经营单位的应急组织机构及职责、应急预案体系、事故风险描述、预警及信息报告、应急响应、保障措施、应急预案管理等内容。

（2）专项应急预案。专项应急预案是生产经营单位为应对某一类型或某几种类型事故，或者针对重要生产设施、重大危险源、重大活动等内容而制定的应急预案。专项应急预案主要包括事故风险分析、应急指挥机构及职责、处置程序和措施等内容。

（3）现场处置方案。现场处置方案是生产经营单位根据不同事故类别，针对具体的场所、装置或设施所制定的应急处置措施，主要包括事故风险分析、应急工作职责、应急处置和注意事项等内容。生产经营单位应根据风险评估、岗位操作规程以及危险性控制措施，组织本单位现场作业人员及相关专业人员共同进行编制现场处置方案。

3. 应急预案的主要内容

（1）综合应急预案主要内容

1）总则。主要包括：

①编制目的。简述应急预案编制的目的。

②编制依据。简述应急预案编制所依据的法律、法规、规章、标准和规范性文件以及相关应急预案等。

③适用范围。说明应急预案适用的工作范围和事故类型、级别。

④应急预案体系。说明生产经营单位应急预案体系的构成情况，可用框图形式表述。

⑤应急工作原则。说明生产经营单位应急工作的原则，内容应简明扼要、明确具体。

2）事故风险描述。简述生产经营单位存在或可能发生的事故风险种类、发生的可能性以及严重程度及影响范围等。

3）应急组织机构及职责。明确生产经营单位的应急组织形式及组成单位或人员，可用结构图的形式表示，明确构成部门的职责。应急组织机构根据事故类型和应急工作需要，可设置相应的应急工作小组，并明确各小组的工作任务及职责。

4）预警及信息报告。主要包括：

①预警。根据生产经营单位监测监控系统数据变化状况、事故险情紧急程度和发展势态或有关部门提供的预警信息进行预警，明确预警的条件、方式、方法和信息发布的程序。

②信息报告。按照有关规定，明确事故及事故险情信息报告程序，例如，信息接收与通报，明确 24 小时应急值守电话、事故信息接收、通报程序和责任人；信息上

报，明确事故发生后向上级主管部门或单位报告事故信息的流程、内容、时限和责任人；信息传递，明确事故发生后向本单位以外的有关部门或单位通报事故信息的方法、程序和责任人。

5）应急响应。主要内容包括：

①响应分级。针对事故危害程度、影响范围和生产经营单位控制事态的能力，对事故应急响应进行分级，明确分级响应的基本原则；

②响应程序。根据事故级别和发展态势，描述应急指挥机构启动、应急资源调配、应急救援、扩大应急等响应程序；

③处置措施。针对可能发生的事故风险、事故危害程度和影响范围，制定相应的应急处置措施，明确处置原则和具体要求；

④应急结束。明确现场应急响应结束的基本条件和要求。

6）信息公开。明确向有关新闻媒体、社会公众通报事故信息的部门、负责人和程序以及通报原则。

7）后期处置。主要明确污染物处理、生产秩序恢复、医疗救治、人员安置、善后赔偿、应急救援评估等内容。

8）保障措施。主要包括：

①通信与信息保障。明确与可为本单位提供应急保障的相关单位或人员通信联系方式和方法，并提供备用方案。同时，建立信息通信系统及维护方案，确保应急期间信息通畅。

②应急队伍保障。明确应急响应的人力资源，包括应急专家、专业应急队伍、兼职应急队伍等。

③物资装备保障。明确生产经营单位的应急物资和装备的类型、数量、性能、存放位置、运输及使用条件、管理责任人及其联系方式等内容。

④其他保障。根据应急工作需求而确定的其他相关保障措施（如经费保障、交通运输保障、治安保障、技术保障、医疗保障、后勤保障等）。

9）应急预案管理。主要包括：

①应急预案培训。明确对本单位人员开展的应急预案培训计划、方式和要求，使有关人员了解相关应急预案内容，熟悉应急职责、应急程序和现场处置方案。如果应急预案涉及社区和居民，要做好宣传教育和告知等工作。

②应急预案演练。明确生产经营单位不同类型应急预案演练的形式、范围、频次、内容以及演练评估、总结等要求。

③应急预案修订。明确应急预案修订的基本要求，并定期进行评审，实现可持续改进。

④应急预案备案。明确应急预案的报备部门，并进行备案。

⑤应急预案实施。明确应急预案实施的具体时间、负责制定与解释的部门。

（2）专项应急预案主要内容

1）事故风险分析。针对可能发生的事故风险，分析事故发生的可能性以及严重程度、影响范围等。

2）应急指挥机构及职责。根据事故类型，明确应急指挥机构总指挥、副总指挥以及各成员单位或人员的具体职责。应急指挥机构可以设置相应的应急救援工作小组，明确各小组的工作任务及主要负责人职责。

3）处置程序。明确事故及事故险情信息报告程序和内容，报告方式和责任人等内容。根据事故响应级别，具体描述事故接警报告和记录、应急指挥机构启动、应急指挥、资源调配、应急救援、扩大应急等应急响应程序。

4）处置措施。针对可能发生的事故风险、事故危害程度和影响范围，制定相应的应急处置措施，明确处置原则和具体要求。

（3）现场处置方案主要内容

1）事故风险分析。主要包括：

①事故类型。

②事故发生的区域、地点或装置的名称。

③事故发生的可能时间、事故的危害严重程度及其影响范围。

④事故前可能出现的征兆。

⑤事故可能引发的次生、衍生事故。

2）应急工作职责。根据现场工作岗位、组织形式及人员构成，明确各岗位人员的应急工作分工和职责。

3）应急处置。主要包括：

①事故应急处置程序。根据可能发生的事故及现场情况，明确事故报警、各项应急措施启动、应急救护人员的引导、事故扩大及同生产经营单位应急预案的衔接的

程序。

②现场应急处置措施。针对可能发生的火灾、爆炸、危险化学品泄漏、坍塌、水患、机动车辆伤害等，从人员救护、工艺操作、事故控制，消防、现场恢复等方面制定明确的应急处置措施。

③明确报警负责人以及报警电话及上级管理部门、相关应急救援单位联络方式和联系人员，事故报告基本要求和内容。

4）注意事项。主要包括：

①佩戴个人防护器具方面的注意事项。

②使用抢险救援器材方面的注意事项。

③采取救援对策或措施方面的注意事项。

④现场自救和互救注意事项。

⑤现场应急处置能力确认和人员安全防护等事项。

⑥应急救援结束后的注意事项。

⑦其他需要特别警示的事项。

⑧附件。如有关应急部门、机构或人员的联系方式、应急物资装备的名录或清单、规范化格式文本、关键的路线、标识和图纸（警报系统分布及覆盖范围，重要防护目标、危险源一览表、分布图，应急指挥部位置及救援队伍行动路线，疏散路线、警戒范围、重要地点等的标识，相关平面布置图纸、救援力量的分布图纸等），以及有关协议或备忘录等。

参考文献

1. 傅贵. 安全管理学——事故预防的行为控制手段［M］. 北京：科学出版社，2013. 12.

2. 韩俊，郑希文，王玉元等. 事故隐患评估与治理［M］. 成都：四川科学技术出版社，1995.

3. 李运华. 安全生产事故隐患排查实用手册［M］. 北京：化学工业出版社，2012.

4. 傅贵，王秀明，李亚. 事故致因“2-4”模型及其事故原因因素编码研究［J］. 环境与安全学报，2017，17（3）：1003-1008.

5. 黄克斌. 企业安全生产事故隐患排查手册［M］. 北京：企业管理出版社，2017.

6. 丛书编委会. 企业开展事故隐患排查工作新做法与新经验［M］. 北京：中国劳动社会保障出版社，2013.

7. 张鹏. 安全生产检查实务（第二版）［M］. 北京：气象出版社，2016.

8. 傅贵，杨春，殷文韬等. 行为安全“2-4”模型的扩充版［J］. 2C14，39（6）：994-999.

9. 李茂. 城市灾害事故应急救援力量调配模型研究［D］. 西安：西安科技大学，2008.

10. 傅贵，殷文韬，董继业等. 行为安全“2-4”模型及其在煤矿安全管理中的应用［J］. 煤炭学报，2013，38（7）：1123-1129.

11. 傅贵，张苏，董继业等. 行为安全的理论实质与效果讨论［J］. 中国安全科学学报，2013，23（3）：151-154.

12. 周忠元. 化工安全技术［M］. 北京：化学工业出版社，2000.